U0061565

毗陵吳氏園林錄

薛焕炳——著

中華書局

目錄

序一

數典仰先人

吳歡

余祖籍南直隸常州府宜興北渠。吳氏族姓，繁衍天下，始祖泰伯，系宗延陵，延陵者，今常州是也。清代乾隆年間，褚邦慶《常州賦》卷首語曰：「延陵故墟，常州今府。中吳要輔，江左名區。」

辛亥革命前，常州府管轄有武進、陽湖、無錫、金匱、宜興、荊溪、江陰、靖江八縣，其中宜興與武進一衣帶水，隔湖相望，滆湖為宜興、武進共有，素有兩邑母親湖之稱。

據文獻記載，在常州滆湖南岸，自北宋以來，吳氏一支淵源有自，根在宜興，道兼文武，建功立業，傳承繁衍，至元、明以後形成多支，分佈在常州府所轄縣邑。其他小支姑不細論，其中最為著名的是北渠吳氏與濟美堂吳氏，血親一脈，兄弟兩支，互勉互進，詩詞唱和，功名遞進，比翼齊飛。

明代中葉，常州（宜興）吳氏，以儒風育人，詩書傳家，人才濟濟，門庭鼎盛，隋唐開科以來，進士者 100 餘人，其中北渠吳氏與濟美堂吳氏進士 78 人，時人以

「科第門閥，顯耀江左」加以盛讚，故飲譽天下。在常州，宜興北渠吳氏著名者有江南名士吳性、吳中行、吳可行、吳宗達、吳亮、吳元、吳襄、吳剛思、吳柔思、吳龍見、吳士模、辛亥英傑吳殿英、吳琳、故宮博物院創始人之一吳瀛、著名劇作家吳祖光、音樂家吳祖強、著名畫家吳冠中等傑出人物。宜興濟美堂吳氏著名者有吳綸、吳仕、吳儔、吳儼、吳正志、吳洪裕、吳炳、吳貞毓、吳大羽等，俊彥才子享譽士林。

常州宜興吳氏一族，子子孫孫，科舉功名，如此鼎盛，雖江南文脈豐沛亦不多見。蘇州大儒徐復麟讚道：「荊溪世族惟吳氏最著，數一時稱鼎盛者莫如吳。」

常州吳氏不僅是科第門閥，還是園林世家、書畫世家、收藏世家、紫砂世家。以園林為例：有明一代，北渠吳氏在常城構建止園、鶴園、頗園、綠園、小園、拙園、嘉樹園、東第園、天得園、青山莊、蒹葭莊、來鶴莊、城隅草堂等十餘座園林，而濟美堂吳氏也在宜興營造予莊、蠡莊、蘭墅（楓隱園）、五橋莊（粲花園）、滄浜園、雲起樓、樵隱別業、漁樂別業、洴澼別業、石亭山房、滄溪別墅等十餘座。清中葉常州方志學家李兆洛在《陶氏復園記》中這樣稱讚常州府北渠吳氏：「吾鄉明中葉以後，頗有園榭之盛，如吳氏之來鶴莊、蒹葭莊、青山莊。」

明代王士貞對宜興吳氏園林也給予高度評價，其在《石亭山居記》中說：「環荊溪而四郭之外，無非山水。其山之冠，則皆青峭鬱麗，其中則婉轉深邃，而其中下則多嵌空玲瓏。其水之為湖若溪若谷者，皆泓渟清泚，可濯纓而鑒髮。山水之交蔭，則皆沃野，有稻禾、菽茗、美箭、柿栗之屬，而又為寓公騷人之所咨賞，若蘇長公輩，詠歌而識之不一。以故環陽羨而四郭之外，亦無非甲墅名圃。」

在介紹常州吳氏園林時，這裏特別要提及 400 年前由先祖吳亮公建於常州青山門外的止園。止園建於明萬曆年間，因有明朝張宏所繪 20 幅《止園》冊頁，疑被明末清初時外國傳教士帶到國外，傳世至今，轟動國際學術界。現真跡 8 幅藏於德國柏林東方博物館，12 幅藏於美國洛杉磯亨廷頓博物館。

中國歷史五千年文明，五千年刀兵，《止園》圖冊在國外被發現，並在歷史上所有園林建築消失殆盡、無法見其真貌情況下，成為唯一完整的視覺證據，其地位極其特殊顯赫，使得高居翰先生窮盡七十年研究，幾乎一生都在國際上用英文講述中國《止園》畫冊的故事，在海外文博藝術界早已成為熱議的話題。

2010 年起，清華大學黃曉、劉珊珊與高居翰先生建立了密切聯繫，並將研究成果公佈於世，做成模型，與清朝皇家園林 —— 圓明園一併陳展於坐落在北京的中國園林博物館，承擔起中國文化走出國門的使命，堪稱中美文化交流的重要典型案例，成為一段非常精彩的「中國故事」，在國外學界引起巨大反響，廣為傳頌。

事實上《止園》圖冊影響海內外決非偶然，早在吳亮在世時，他的一部《止園集》先後有 16 人為其作序，其中有河北井陘霍去病後人霍鵬、湖北江夏名將熊廷弼、蘇州名士范允臨、崑山探花顧天埈、河南新野榜眼馬之騏、山西河津進士趙用光、常州名士孫慎行、薛近兗等，可見止園之影響在當時已遍及全國。

常州學者薛煥炳自2008年起致力於吳氏園林的研究，相繼撰寫《吳氏八園尋訪記》《千古名園 —— 常州止園》等文章，在《龍城春秋》《中吳》等刊物相繼發表。2017年起，又開始編著《毗陵吳氏園林錄》一書。

《毗陵吳氏園林錄》的正式出版，對於研究吳氏家族史、常州地方史以及江南園林史都有重要參考價值。

在該書即將出版之際，作為常州府（宜興）吳氏垂直血親後裔，對先祖在園林文化、紫砂工藝、珍品收藏、書畫藝術等方面作出的貢獻焉可不表？正如在聯合國工作多年的大學者、好友何勇教授所言：「在世界上獨樹一幟的中國園林，是中國文化的優秀代表，其美妙絕倫的山石亭台、泉池花木和詩酒雅集，蘊藏着深厚的哲學思想、豐富的藝術理念和優雅的文化生活，更重要的是，中國園林在實用操作方面，有着巨大的實踐價值和推廣優勢。」

我相信，明代止園及常州所有吾家吳氏園林的史跡淵源，一定會在《毗陵吳氏園林錄》中找到答案，並呈現其應有的歷史與文化價值。在這裏，我謹向素所尊敬的常州鄉兄、辛勤學人薛煥炳先生表示由衷的感激與謝忱！

序二 文化世家的傳承血脈，中西交流的歷史見證

——寫在《明朝止園吳氏家族歷史文化展》前

毛珮琦

高居翰（James Cahill）是國際上著名的漢學家、當代中國藝術史研究的權威，曾長期擔任加州大學伯克利分校教授和華盛頓佛利爾美術館中國書畫部顧問，他數十年潛心研究中國文化，成果豐厚，享譽學界。最近幾年在內地出版了《中國繪畫》《中國古畫索引》《隔江山色》《畫家生涯》《氣勢撼人》《江岸送別》《山外山》《詩之旅》《不朽的林泉》等多部著作。但是他的研究並不是顯學，是屬於在圖書館高高的書牆下默默專研的那種。然而這兩年高居翰突然大火起來，衝出了圖書館和研究室，走進了大眾層面，不分界別，引起廣泛的社會關注。是什麼吸引了人們的眼球嗎？

原來，他發現了一套保存完好的中國古代園林圖冊《止園圖》，根據它，可以完整地復原這座明代的私家園林；同時，他還發現這座園林的主人竟是一個數百年延續不斷的文化世家，上可追溯到明代的東林黨甚至更早的宋代，下延及當代無人不知無人不曉的戲劇家吳祖光、評劇皇后新鳳霞夫婦；致使他們的兒子，現在活躍在文化界的吳氏傳人吳歡，也再度勾起緬懷吳氏先人和常州歷史文化的情思。

明代常州的止園屬於吳家，中國古代園林文化卻不僅僅屬於吳家。它是中華優秀文化遺產中寶貴的一部分。

數千年來，東西方文化在相對隔離的地理空間中各自發展，形成了互不相同的面貌。中華文化有許多美好的創造，獨樹一幟，色彩鮮明。在異質文化中成長起來的人一旦來到中華大地，無不會為之驚豔，為它的魅力所傾倒。中國古代的園林藝術，就是其中之一。

中國的園林藝術起源很早，難以定一個確切的起始年代。但是，先秦乃至更早年代的「園囿」，無疑就是後來園林的最早源頭。一般來説，到了漢代，天子和諸侯的園林已經有了私家園林的性質了。經過兩千年的發展，到明代，私家園林到達了它的繁盛時期。明代私家園林的繁盛，首先依賴的是農業、工商業以及海外貿易高度發展提供的巨大經濟實力。而其直接原因，則在於人們對自身生活環境生活狀態的普遍追求，在於高度發達的文化，在於文人對閒適、精緻、高雅生活的追求。明代江南地區的許多名園，都是和著名的文人聯繫在一起的，如蘇州王憲臣的拙政園、松江潘允端的豫園、太倉王世貞的弇山園、無錫秦耀的寄暢園、紹興祁彪佳的寓山園等等。這其中還有常州吳亮的止園。這些園林有的是繼承宋元故園，有的是當時所建，但他們大多在明代嘉靖萬曆以後造於極致。這些園林作為一種絢麗的文化現象，為中國所獨有，也成為世界的寶貴文化財富。

明代繁盛優美的園林和它背後高度發展的社會經濟、嚴密有效的文官制度、多彩有序的社會社會生活、優雅豐富的文化藝術，在西方不同文化印襯下，特別耀眼。明代萬曆年間來到中國的耶穌會士意大利人利瑪竇在初次面對偉大的中華文化時，為之驚歎不已。1621 年英國出版了一部奇書——伯頓（Robert Burton）的《憂鬱症的解剖》（*Anatomuy of Melancholy*），書中有三十多處提到中國，特別讚揚中國人民的勤勞整潔，彬彬有禮，讚揚中國政府的善政以及選拔人才的科舉制度。作者寫道：「他們從哲學家和博士中挑選官員，他們政治上的顯貴是從德行上的顯貴中提拔上來的；顯貴來自事業上的成就，而不是由於出生的高尚……」[1] 在葡萄牙人曾德昭（Alvaro Semedo）的《大中國志》（1642、1643 年先後以西班牙文、意大利文在歐洲刊行）中介紹了當時中國各方面的情況，他說：「任何行業的人，因從中讀到一個如此機智民族的計劃、管理、和實施都將收益匪淺。」[2] 眾所周知，西方的文藝復興和啟蒙思想曾得益於中國文化的啟示。以至在相當長的時間內，在歐洲出現了中國熱。

法國學者安田朴寫道：「我們確實應該研究在這個迷戀崇拜中國的狂癖，接着是中國熱的潮流，它們在短時間內就使我們西方神魂顛倒了。」[3] 大家所稱的「中國風格」的藝術，應該

---

1 范存忠著《中國文化在啟蒙時期的英國》，第 8 頁，上海外語教育出版社，1991 年 4 月第 1 版，1996 年 5 月第 2 次印刷。

2 曾德昭著，何高濟譯《大中國志》，上海古籍出版社，1998 年 12 月第 1 版。

3 《中國文化西傳歐洲史》下冊，第 566 頁。北京商務印書館，2013 年 11 月第 1 版。

與啟蒙時代的歐洲對中國建築和園林的興趣聯繫起來。法國路易十四醉心於中國文化，1670－1672 年在凡爾賽宮建起了特安列農瓷宮，挑檐下掛着風鈴，屋頂上站着怪獸；後來，1807 年，拿破崙皇帝下令將蒙梭花園改造成了一座「真正的中國式」花園。這些都是眾所周知的。1749 法國神父王致誠發表的《耶穌士書簡集》和一些研究中國園林的著作相繼出版，使中國園林的理念得以廣泛傳播。出於對歐洲傳統園林「對稱作法」的厭惡，歐洲園林學習中國園林模擬大自然的不對稱性。由於英國率先打破了這種古典園林規範。因而園林界出現了「英－中式園林」這一名詞。一時間，這種風格的園林遍佈與歐洲各地，在英國有「孔府」、丘塔；在法國有尚蒂伊的中式閣樓，有阿圖瓦伯爵巴加特爾的府邸；在德國，有位於德紹附近的奧拉寧鮑姆園林；在丹麥，有佛雷登斯堡公園的中國閣樓、中國橋；在芬蘭法古維克有「結構非常複雜」的八角樓，上面有雙層頂，角落裏有龍;在意大利，在瑞典，都有許許多多「英－中式園林」。[4]

在這些園林中，不僅僅在形式上一定要有「不規則的小路、蜿蜒小溪、湖泊及其小島、湖礁瀑布」等等，而且要努力理解和表達在其中所寄寓的天人合一、陰陽和諧的思想理念。

然而，500 年後，東西方學者在回顧中國古代園林時，竟然一度忘記了止園。

4 安田朴、謝和耐等著《明清間入華耶穌會士和中西文化交流》，第 303 － 306 頁，巴蜀書社，1993 年 7 月第 1 版。

上世紀 50 年代，高居翰在洛杉磯美術館發現了一幅精彩絕倫的中國古代園林圖，圖上赫然寫着「止園圖」三個字。他被《止園圖》深深吸引，並從此對它進行了長時間的深入研究。高居翰判斷，《止園圖》所描繪的是一座真實的園林。但是他既不知道園的主人是誰，更不能實地考察止園所在。當然，止園並沒有逃出中國學者研究的視野。2010 年，中國學者曹汛在中國國家圖書館發現一部海內孤本《止園集》。《止園集》的作者是吳亮，學者們確認，吳亮正是止園的主人。

《止園圖》作於天啟七年（1627），其時吳亮已經去世，他的兒子吳柔思請姑蘇畫家張宏繪製了這套《止園圖》。《止園圖》共 20 幅，幾經輾轉最後分藏在不同的地方。通過高居翰的努力，全套《止園圖》已經重現天下，並且介紹到中國。《止園圖》引起了學術界的廣泛關注。

止園主人吳亮（1562－1624），字采于，號嚴所，萬曆二十九年（1601）進士，官至大理寺右少卿。他辭官回鄉後，聘請善於疊山的蘇州造園名家周廷策規劃，在常州的府城之北構築了一座園林，取名止園。

吳亮為什麼要建造此園，又為什麼命名為止園？他的《止園集》恰有一篇《止園記》給我們做出了解答。原來，這本是吳家的一座舊園，就在府城的青山門之外。雖然靠近城郭，離城只有三里之遙，但因為道路迂曲，葦草叢生，卻是人跡罕及。園中有些山水竹木亭館，也只是簡單設置而已，再加上年久失修，已經荒穢傾圮得不可收拾了。吳亮在外為官十年，至此從北方辭官還鄉，想在荊溪萬山之中重新建造一座園林。但是老慮到老母親在堂一刻也不能遠離，「捨茲園而何適焉？」於是，他改變主意，決定對舊園加以修整，就在此當作隱居之所了。

他的一首詩五言古風《題止園》，更生動地道出了心曲。詩中把在的官場奔波，比作滾滾不停的車輪。哪裏是他的終點呢？他終於想明白了，必須「當其適去時，可以止則止」。應該在適當的時候選擇停止，可止則止，適可而止。他讚賞東晉陶淵明的為人，稱其為「澹蕩人」，説陶淵明「亦覺止為美」，因而棄官還鄉，躋身田里。還鄉不僅可以靠近父母，隨時審問，而且可以徜徉山水林木，得逍遙之樂。

詩最後寫道：「但得止中趣，榮名如敝履。」如果能夠在山野園林中得到止中之趣，一切都可以像敝履一樣拋掉。案牘的繁瑣，官場的黑暗，無恥的逢迎傾軋，已經令他厭倦，他不再豔羨虛如浮雲的榮名，要將其徹底拋棄。吳亮回到家鄉，營造止園，我們看到了他如同陶淵明那種「久在樊籠裏，終得返自然」的喜悦。

修造止園始於萬曆三十八年（1610），花了整整 10 年才告完成。

關於造園，吳亮説自己喜歡水，因而注重流水和湖面的營造：「凡園中有隙地可藝蔬，沃土可種秫者，悉棄之以為跨池，故茲園獨以水勝。」其實，吳氏家族熱衷造園，所造不僅止園一處，目前已知吳亮父子兄弟營建的園林就有八處之多，吳亮的止園和吳玄的東第園，都堪稱一代名園。

我們在考察止園的主人吳亮和吳氏家族的時候，發現了一個引人注目的現象，即吳氏是一個有着深厚文化承載的世家。常州宜興吳氏家族淵源久遠而歷久不衰，自北宋紹聖四年（1098）吳鈫中進士起，歷南宋至於明、清，到道光十九年（1839）吳遷中進士，742 年間吳氏家族一共出了 76 個進士。貫穿明朝始終的進士就有 40 人。吳家科舉最盛是在明朝萬曆年間，40 餘年各科沒有間斷。可以想見，這樣一個科舉大族的仕宦之家，門庭是何等煊赫。

萬曆初年時任翰林院編修的吳中行，上書批評內閣首輔張居正貪權奪情，義正詞嚴。他説張居正平日口口聲聲説「嚴守聖賢義理、祖宗法度」，但遇事就把義理祖宗扔到一邊。他説，張居正奪情「事繫萬古綱常，四方視聽，惟今日無過舉，然後後世無異議」。他認為，堅守禮法，是「銷變之道」，是防止變亂的根本，不僅關乎個人品德，而且關乎國家安危，必須力爭。吳中行遭到殘酷廷杖，幾乎致死。張居正是吳中行的科舉座主，亦稱座師，吳中行為了維護禮法，不惜冒犯老師，而且是權傾一時的內閣首輔，一時間「直聲震天下」，可謂史筆流芳[1]。張居正死後，中行才平反復官，最後官侍講學士，掌南京翰林院。

止園主人吳亮就是吳中行的兒子，官至大理少卿。史稱吳亮「高志節，與（東林黨）顧憲成諸人善」。可以説，吳亮頗得乃父風骨之真傳，聯繫到當時的政壇，他的辭職還鄉，就是

1 《明史》卷 229，中華書局標點本第 22 冊第 5999 頁。

可以理解的了。吳氏一族注重文化，是晚明有代表性的文化家族，是江南文化風氣的催生者和助力者。

吳氏家族所交往皆當代名士，唐寅、文徵明、沈周、董其昌都是吳家的座上客；一直為人們習見的紫砂壺，因被吳氏賦予了文化藝術內涵，而成為「供春」壺，中華文玩因此添加了一個品類。在美術史上享有盛譽的黃公望山水長卷《富春山居圖》曾經是吳家的藏品……至於近百年，洋務運動、改良憲政、國民革命，每一重大歷史關頭，都有吳氏家族的身影。吳家資助過毛澤東的革命活動，與李大釗、董必武、周恩來、瞿秋白等等都有往來。

特別值得記述的是吳氏家族對中華文化事業的貢獻。

在近當代應該特別提到吳氏家族的傳人，是參與創建故宮博物館的吳瀛。1926 年，吳瀛曾任「故宮博物院維持會」常務委員，1929 年，擔任「古物審查會專門委員」。1931 年，鑒於日本帝國主義已佔我東北，華北危急，故宮博物院決定精選部分文物南遷，吳瀛先生為首批南遷文物監運員。當時政治形勢極為兇險，文化界一片混亂，吳瀛先生始終「以保存數千年文化淵藪為職志」，不能不說吳瀛先生的這種文化擔當出自吳氏家族數百年的深根厚植，是繼承了吳門世代的精神文化傳統。

吳瀛的兩個兒子不負家門，吳祖光是聲震劇壇的戲劇家，吳祖強是蜚聲中外的音樂家，他們都是本領域的佼佼者。吳祖光少年就有戲劇神童之譽，終以《鳳凰城》《正氣歌》《風雪夜歸人》等作享譽劇壇。吳祖光的妻子新鳳霞開評劇新風，自成一派，被稱為評劇皇后，她主演的《劉巧兒》《花為媒》名滿天下。二十世紀五十年代，吳家所居的四合院，成為北京文化名流的聚會之所，齊白石、徐悲鴻、傅抱石、李苦禪、李可染、梅蘭芳、程硯秋、尚小雲、郭沫若、茅盾、老舍、巴金、曹禺、田漢、夏衍……常年出入其中，他們論文説藝，顯示了一代文化人朝氣蓬勃的風貌。

如今老一輩文化人漸漸仙去，而吳祖光的三個兒女吳鋼（攝影家）、吳歡（畫家）、吳霜（歌唱家）繼承了吳氏家族的文化稟賦，再次光大家門。由此我想到，一個傳承500年的文化世家，代有英才長盛不衰，支持它的是什麼？肯定不是高官，官職有時而盡；肯定也不是財富，財富有時而盡；只有文化，只有精神品格，足以垂之久遠，歷劫難而不倒，遭困厄而彌新。威武不能屈，富貴不能淫，貧賤不能移。高尚的文化，高貴的品格，才能永不褪色，光照後人。而真正推動歷史向前的，也正是文化和文明的進步。

止園，是中國傳統文化的一次完美呈現，是藉助於止園而彰顯的軟實力。對研究和考察家族文化特別是傳承數百年的家族，對深入認識歷史，了解國情具有重要意義。家庭是社會的基本單位，傳承久遠的家族也承載和傳承了許多優秀的中華傳統文化。無疑，對吳氏家族及其文化的歷史回顧，對於當今的社會建設和文化建設是大有裨益的。

有幸的是，由於《止園圖》保存了一座明代江南園林的完整風貌，它與留存至今的一些明代園林不同，那些園林都或多或少地經過多次改建。我們可以通過《止園圖》直窺500年前的明代園林，了解品味它的真美，感受我們祖先的優秀創造為什麼會迷倒同時代的西方人。

同樣有幸的是，無論是《止園圖》的發現、止園的的復原，還是明朝止園吳氏家族歷史文化展，都是中外學者長期攜手研究取得的成果，是當代中西文化交流、文化合作的一個成功範例。人類文化是相通的，人類藝術是可以共享的。止園和《止園圖》已經不僅屬於吳氏家族，止園和《止園圖》也不僅僅屬於中國人，它正在做為中西乃至人類共同的文化財富被研究被繼承。明朝止園吳氏家族歷史文化展對於吳氏家族數百年歷史的回顧，是對中華文化歷史血脈的接續和弘揚，也是中西文化交流歷史篇章的再續。相信通過這個展覽，我們可以更好地繼承和弘揚這份寶貴的世界遺產。

2019年7月11日改定於北京昌平之壟上

序三／

一個家族的造園長卷

傅凡（北京建築大學教授，《中國園林》編輯部主任）

拿到薛煥炳先生所著《毗陵吳氏園林錄》書稿，展卷愛不釋手，一口氣讀完，還不過癮，又細細讀了一遍，一個城市中一個家族在明清兩代的造園興衰，如同一幅長卷浮現在我腦海之中。薛先生不是專門研究園林史的學者，但是這本關於歷史園林的著作一定會對中國園林的史學研究產生積極的影響。

中國園林是中華民族傳統文化的優秀代表。中國園林是世界古代三大園林體系之一，可以追溯到商紂王、周文王的時代。在漫長的歷史過程中，中國園林不斷演變發展，在文學、美學、繪畫等多種文化形式的影響下，終於形成了以景面文心為特徵的寫意山水園林風格。園林既是一種文化形式，又是其他文化形式所藉以存在的載體。在這裏，繪畫、書法、雕刻、音樂、戲曲、文學等多種文化形式都得以展示，各美其美，相得益彰。

中國歷史上的衣冠南渡，使得文化的中心逐漸向江南轉移，各種文化形式在江南也逐漸興盛起來，江南也成為中國園林最為集中、藝術成就最高的一個區域，象蘇州、杭州、揚州、南京等地，都以眾多的歷史名園而著稱，常州也不例外。

常州地處江蘇南部，北臨長江，南瀕太湖，位於南京、揚州、南通、蘇州、無錫等地之間，地理位置顯要，歷史上號稱「三吳重鎮」「八邑名都」。歷次衣冠南渡，這裏都是安置移民之所，也成為文化匯聚之所，據統計常州歷史上出過進士 3000 多名，僅武進一縣就超過 1500 名。文化與經濟的繁榮使得這裏造園頗具風氣，明代造園家計成、周廷策所造東第園、止園等曾享有盛譽，到清代嘉慶、道光年間常州還出了一位傑出的造園大師戈裕良。

在古代，對於私家園林主人來說，園林並不僅僅是一個遊憩娛樂的場所，更是園主人喻情言志、舒嘯寄傲、嚮往山林的壺中天地。歷代文人都喜愛造園，著名的如謝靈運的始寧山居、王維的輞川別業、白居易的履道里宅園、蘇舜欽的滄浪亭、司馬光的獨樂園、趙孟頫的蓮花莊、王獻臣的拙政園、王世貞的弇山園、袁枚的隨園，都是文人造園的範例。

但是如古語所言「富不過三代」，私家園林也有傳不過三代之說，上文所列各園，所傳基本為一代。無錫寄暢園在毗陵（常州）秦氏家族手中傳承 400 多年，是一個少有的案例。名門望族造園在古代江南地區極為普遍，如明代文徵明家族在蘇州、鄭元勳家族在揚州，但如常州吳氏家族十數人規模，且傳承 150 年之久的還極為罕見，或可說絕無僅有。

常州吳氏家族是當地的望族，在歷史上出了 76 位進士，吳氏家族中名人輩出，除了科舉時代的吳性、吳中行、吳宗達、吳亮、吳襄、吳仕、吳正志、吳洪裕等人，還有創辦故宮博物院的吳瀛，劇作家吳祖光、畫家吳冠中等。

自明代吳性建城隅草堂開始，北渠吳氏與濟美堂吳氏在明代共建有園林 24 座，造園傳承一百餘年。其中既有名存於計成《園冶》中的吳玄的東第園，也有因明朝畫家張宏所修《止園圖》冊被中外學者公認為最早可見中國園林第一視覺證據而得以為世人能一窺全貌的吳亮止園。

雖然古代缺少園林史的著作，但是有大量記載地方園林的文獻，如地方誌書、姓氏宗譜，另外也有記載園林的專門著作，如《洛陽名園記》《吳興園林記》《帝京景物略》《婁東園林志》《揚州畫舫錄》等。近代既有學者以傳統方志學方法記述歷史園林，如陳詒紱的《金陵園墅志》，也有學者借鑒了西方史學田野調查方法進行的歷史園林研究，如童寯的《江南園林志》，朱偰的《金陵古跡圖考》《金陵古跡名勝影集》。

新中國建立後，園林史研究蓬勃發展，對地方園林研究的著作眾多，著名的有劉敦楨《蘇州古典園林》、陳從周《揚州園林》、楊鴻勳《江南園林論》等。在眾多的地方園林著作中，多為對某一區域或城市的古代園林的梳理，對各個園林自身的介紹，故而這些園林似乎都是獨立存在的，其間較少關聯。

這本《毗陵吳氏園林錄》則與其他著作不同，作者通過對明代吳氏家族在常州所造園林進行系統整理，使這些獨立的園林個體得以產生關聯，形成一個譜系。研究者可以依據這本著作開展更為廣泛的研究，既可以按書索驥，研究各個園林的立意傳承、園林景物、藝術特徵；也可以將此書的研究方法推廣於其他地區的歷史園林系統研究上。對於愛好園林的讀者，則能夠通過一個家族在一個地區歷經百年的造園活動，得以了解明代常州園林的興盛。

作者薛煥炳先生自2008年起研究常州吳氏園林，以十餘年之力積累資料，又用兩年時間完成本書。由於園林史料散見於不同文獻之中，書中引用大量地方誌書、詩文集，可見功夫之久，功力之深。中國傳統史學以考據為主要方法，書證是其基礎，作者在此着力甚多。

當然，考據也重物證，與西方史學重田野調查並不矛盾，作者也對各園所存在的環境進行現場考察，使得著述更加豐滿。必須指出的是本書並非一本標準意義上的學術專著，沒有繁瑣的技術路線、晦澀的專業詞彙，平鋪直敘，言簡意賅，因此具有很強的可讀性，非常適合喜歡常州園林與歷史文化的讀者。對於專業學者，此書也很值得一讀，開卷有益，必能有所悟。

序四 /

中國古代園林史的補白

賈珺（清華大學建築學院教授、博士生導師、國家一級註冊建築師）

明清時期是中國古代園林史的鼎盛階段，私家園林數量遠超前代，特別是江南地區的私家園林，在中國園林體系中佔據了最顯赫的地位。

江南氣候宜人，物產豐富，山清水秀，自古以來即是造園的上佳之地，自東晉、南朝、唐宋以降，名園疊出。到了明清兩朝，江南各府商品經濟極為發達，琴棋書畫、美食茶道、傢具器皿、花鳥魚蟲、戲曲表演等生活藝術鼎盛，衣食住行無不華美精緻，文化氣息濃厚，造園技藝也達到巔峰狀態。

在這幾百年間，江南各地湧現出新的名園，燦若繁星，數量之多，品質之高，足令後人驚歎。中國古代園林藝術，號稱東方藝術之明珠，是中國人對世界文化藝術的重要貢獻。南京以及揚州、常州、蘇州、松江、杭州、湖州、紹興各大名城見於文獻記載的私家園林都不下一二百座，並且出現同一家族擁有多處園亭的現象，比如蘇州徐氏、常州吳氏、無錫秦氏、太倉王氏、紹興張氏等等，花團錦簇，爭奇鬥豔。其中吳氏一族在常州府境內陸續修造了三十一座園林，堪稱翹楚。

吳氏在朝為官，尤其注重文化教育，是典型的科舉文化世家，居常州宜興，自北宋紹聖四年（1098）吳鉞中進士起，歷南宋至於明、清，到清道光十九年（1839）吳遷中進士，其間742年一共出了76位進士。

有明一代，常州吳氏聲名鵲起，吳性與理學大家唐順之、薛應旂等活躍於郡中，吳宗達、吳炳官至大學士（宰相），吳中行仕翰林院掌院翰林。唐寅、文徵明、沈周、董其昌等一時俊彥皆是吳家座上賓客；宜興老宅吳仕楠木廳之「雲起樓」的匾額便由董其昌題寫；吳仕（頤山）創造的「供春」壺，更是成為紫砂壺歷史上一段佳話，如今已馳譽中外；美術史上享有盛名的《富春山居圖》被吳家收藏五十餘年。

近代百餘年來，洋務運動、維新變法、國民革命、抗日戰爭等，每一次重大歷史事件，都有吳氏族人身影。張之洞、張謇、袁世凱、康有為、梁啟超；黎元洪、段祺瑞、徐世昌；孫中山、黃興、蔡鍔、蔣介石、張靜江、吳稚暉、李石曾、張學良、張群；李大釗、陳獨秀、董必武、瞿秋白等也與常州吳家都有往來，交非泛泛。

值得特別記述的是，作為故宮博物院創建人之一的吳瀛先生，在抗戰期間不顧生命危險和輿論壓力，出任南遷文物首席監運員，將文物南遷至上海，使有上千年歷史的故宮文物得以保存至今，為後世人觀賞。其子吳祖光，少年成名，有「神童」美譽，創作了數十部膾炙人口的佳作，在中國戲劇、電影史上留下濃墨重彩的一筆。吳祖光的妻子、有「評劇皇后」美譽的新鳳霞，更是名滿全國，風靡大江南北，是家喻戶曉的藝術大師。

老一輩文化人漸漸遠去，如今吳祖光新鳳霞的兒女們，依舊活躍在當代文化藝術界。長子吳鋼是旅法攝影家、作家，次子吳歡是書畫家、作家，曾任三屆全國政協委員，女兒吳雙是歌唱家、作家，他們的表現更是將吳氏家族五百年的歷史與傳承延續到了今天，使得止園這個傳統文化的代表性符號有了現代的意義。

吳氏家族所造園林不僅止園一處，目前已知吳亮祖父吳性生有四子，父親吳中行生有八子，吳亮又生十一子，加之堂兄弟又有數十位，共造園林近二十座。吳亮的止園和吳玄的東第園、吳兗的蒹葭莊、吳襄的青山莊等在中國園林史中，都堪稱一代名園。宜興吳氏對中華古代園林藝術發展的功勞的確令人驚歎。

通過由美國著名學者高居翰對《止園》圖冊近七十年緊追不捨的潛心研究，吳氏家族再次引起了國內外學界的高度關注。

常州古稱延陵、毗陵、晉陵、蘭陵，是江南造園藝術的重鎮之一，足以與蘇州、揚州、杭州、湖州相頡頏，可惜昔日名園百不存十，今人殊乏關注，聲名逐漸湮滅。吳氏祖籍常州府宜興縣，是當地的名門望族，後遷居常州府城，子弟紛紛科考中式，登上仕途。族人在詩畫方面有深厚的家傳修養，而且熱衷於營建園林，所構諸園或宏敞，或小巧，或以疊山見長，或以理水取勝，無不巧奪天工，意境深遠。

特別值得一提的是，明清時期的江南文人不但熱衷於營建園林，還對造園的諸般手法和美學法則加以系統研究，出現了精深高明的理論著作，其中最重要的一部是明末計成所作的《園冶》。計成曾在常州城東為吳玄設計東第園，並在《園冶・自序》中記錄了此事的經過，使得吳氏園林在這部造園名著中佔有一席之地。

隨着時光的流逝，昔日吳氏園林幾乎毀失殆盡，所幸在古代方志、吳氏宗譜、詩文、圖畫中還留下若干印記。例如明代畫家張宏曾為吳亮的止園繪製了一套精彩絕倫的《止園圖》，而吳亮本人則為止園吟詠累篇。美國藝術史學者高居翰先生、中國園林史學者曹汛先生和青年學者黃曉博士、劉珊珊博士依據這些珍貴的史料，對止園展開考證和復原研究，成果卓著，在海內外引起很大反響。

常州本地學者薛煥炳先生精於文史，熟諳地方掌故，近年來辛勤調研遺址、搜羅圖籍，對歷史上存在過的常州吳氏園林逐一進行考證記述，匯成此書。全書文筆流暢，言必有據，且附有精美插圖，可謂園林研究的佳作，對於常州歷史文化研究有重要的價值，同時對於中國古代園林史也有很好的補白意義。

相信隨着這本書的出版，毗陵吳氏園林作為中國人珍貴的歷史記憶，將會在全世界範圍內得到更多的關注。未來也希望能有更多的專業工作者和園林愛好者投身這個領域，不斷取得新的突破。

序五／傳統文化的血脈延續和精神弘揚

趙晶（北京林業大學園林學院副教授，《風景園林》編輯部主任）

高居翰先生是著名的中國美術史學家，曾長期擔任加州大學伯克利分校藝術史和研究生院的教授，以及華盛頓弗利爾美術館中國書畫部顧問，享有世界範圍的學術聲譽，是中國藝術史研究的權威之一。高居翰著作中最廣為人知的當屬系統探討元代和明代繪畫的三本書：《隔江山色：元代繪畫 1279－1368》《江岸送別：明代初期與中期繪畫 1368－1580》以及《山外山：明代晚期繪畫 1570－1644》。20 世紀 50 年代，高居翰在一座博物館待售書畫的昏暗展廳裏看到了由明代張宏繪製的園林圖冊《止園圖》，他敏鋭地意識到，圖中描繪的應該是一座真實的園林。20 世紀 70 年代，高居翰決定開始研究《止園圖》時，這套圖冊已被拆散，分藏在德國柏林東方博物館與美國洛杉磯郡立美術館中。在此之前，由於歷史原因，中美之間文化交流很少，高居翰無法前來中國，這對於開展園林文化的研究與交流活動產生了一定的阻礙。20 世紀 70 年代是中美關係發展的關鍵時期，早在 70 年代初，美國紐約大都會博物館就希望建造一座中國庭園「明軒」，這是中美園林文化交流的一樁大事，也為高居翰與中國園林學者討論《止園圖》提供了契機。

流傳於海外的《止園圖》在眾多學者、吳氏家族傳人及各界人士的幫助下，跨越時間與地域的鴻溝，重新將百年前的江南私家園林止園展現在世人面前。而中國的園林藝術，也不曾在時光中消磨光彩，遠渡重洋，傳播至世界各地。

在千年的歲月中，中西方雖為地理空間所阻隔，但仍無法阻礙兩者之間文化的傳播與交流。歷史上，中西文化之間的交流源遠流長。新石器時代仰韶文化的西傳，兩漢、魏晉南北朝時與西域文化的交融，唐宋元中西科技文化交流，乃至 15 世紀哥倫布發現新大陸，均促進了中國文化的向西傳播。而 17 世紀歐洲出現的「中國熱」則開啟了中國文化與亞洲以外的其他地區的交流。18 世紀中葉，自法國掀起了「中國熱」的新高潮，並出現了「英中式園林」，隨後又流行到德國、俄國，甚至整個歐洲。隨着地理大發現的到來，中國開始為世界所了解。中國園林文化作為中國文化的重要組成部分，不僅在內部各民族、地區的融合交流中互相促進，更通過各種方式和媒介與西方園林交流融合中不斷成長。從古代的名畫書簡、中國元素，到今天的一座座海外中國園林，中國園林的傳播將中國文化獨有的內涵和精神播種到世界各地。

自 1980 年第一座海外中國園林「明軒」在美國大都會博物館建成，至今的四十年間，中國在海外所建造的中國園林已經遍佈五大洲近三十個國家，總數達到一百餘座。一座座中國園林猶如顆顆明珠點綴在世界各地，形制各異而富有中國韻味，不僅架起中西方文化交流的橋樑，更是通過這一特殊的傳播窗口，讓世界得以了解中國傳統文化的精髓所在。

無論是《止園圖》的發現還是止園的復原，都離不開中外學者及常州吳氏家族的共同努力，這是當代中西文化交流合作的一個成功範例。如今，部分《止園圖》收藏於美國洛杉磯郡立美術館。而在美術館數十公里外的亨廷頓植物園，由中國匠人建造的流芳園正坐落於此。百年前畫中虛擬的園林與百年後落地真實的園林交相輝映。繪畫與園林，古代與現代，中國與西方……界限與隔閡被打破，交流與合作得以延續。

常州學者薛煥炳先生在編寫《常州街巷》一書時，曾發現當地與園林相關的地名達數十處，由此對常州園林產生了興趣，進而着手開始研究，並相繼撰寫《吳氏八園尋訪記》《千古名園 —— 常州止園》等文章。這部《毗陵吳氏園林錄》對於常州吳氏家族及其園林的詳盡介紹與研究，既是對中國傳統文化的血脈延續，亦是精神弘揚。它的正式出版，對於研究吳氏家族史、常州地區人文風貌以及江南園林史都具有重要參考價值。

序六

從園林探討一個家族的生命力和創造力

黃曉（北京林業大學副教授）

我對吳氏家族園林的關注始於吳亮的止園。最早研究止園的現代學者，是美國藝術史家高居翰先生，他從 20 世紀 50 年代開始關注流傳到美國的明代畫家張宏繪製的《止園圖》，曾先後在哈佛大學的專題講座和他的著作《山外山》與《氣勢撼人》中，討論這套描繪止園的圖冊。2010 年中國園林史家曹汛先生在中國國家圖書館發現了吳亮《止園集》，將止園與它的主人吳亮聯繫起來，同時也確定了止園的位置，位於吳亮的家鄉 —— 江蘇常州。2012 年，高居翰先生與我和劉珊珊博士合著出版了《不朽的林泉 —— 中國古代園林繪畫》，對吳亮止園做了詳細的介紹。

與吳亮止園相比，吳家的另一座園林更早被中國的園林學者所知，即吳亮四弟吳玄的東第園。明代計成的《園冶》是中國古代最重要的一部造園著作，書中提到計成設計的三座園林，第一座便是他為吳玄建造的東第園。曹汛先生在《計成研究 —— 為紀念計成誕生四百周年而作》中，深入考證了吳玄的東第園，計成通過此園一舉成名，東第園也成為中國園林史上的著名案例。

吳亮止園最早得到國際學者重視，吳玄東第園在中國園林史上佔據一席之地，而在常州當地，吳家也有一座著名的園林，即吳亮七弟吳襄的青山莊。青山莊在常州民間有「大觀園」之稱，佔地廣闊，故事豐富，明清之際盛極一時，其名氣突破了美術界和園林界，得到文學界的關注。清代常州的著名學者趙翼寫過《青山莊歌》，文學史家馬千里在《趙翼〈青山莊歌〉箋證》中，深入闡釋了青山莊的價值和內涵。

吳氏家族的這三座園林吸引了美術界、園林界和文學界的眾多學者，具有重要的文化意義。但吳氏家族在造園方面的成就遠不止此。隨着新材料的陸續問世，人們發現，吳亮除了止園，還建造了白鶴園；他的三弟吳奕繼承了父親吳中行的嘉樹園；六弟吳兗建造了蒹葭莊；從弟吳宗達建造了綠園；吳亮的叔父吳同行建造了小園；吳亮的祖父吳性建造了城隅草堂和天真園……吳氏家族堪稱當之無愧的造園世家。

吳氏家族在歷史上取得了輝煌的成就，在近現代依然具有深遠的影響。吳殿英曾協助張之洞創辦湖北武備學堂，督練新軍；吳瀛為中國故宮博物院的創辦人之一，1933 年押送第一批故宮文物南下，貢獻卓越。新中國時期吳家出現了藝術大師吳祖光和評劇表演家新鳳霞，他們的劇作和表演，備受矚目；吳祖光的弟弟吳祖強是著名作曲家，曾擔任中央音樂學院院長；同出一支的藝術大師吳冠中是聞名世界的著名畫家……目前吳氏後人分佈在世界各地，很多都是文化界知名人士，其中吳祖光、新鳳霞之子吳歡是著名書畫家、收藏家，有「京城才子」

「香江神筆」之稱。吳亮止園被發現後，得到了吳歡先生的密切關注和大力支持。2018 年 9 月我們與吳歡先生一同赴美，參觀了收藏《止園圖》的洛杉磯郡立美術館，拜訪了高居翰先生的家人；當年 12 月又在吳歡先生支持下，由中國園林博物館和北京林業大學主辦了「高居翰與止園」國際研討會，中外專家學者和文化人士彙聚一堂，展開討論和交流，獲得了熱烈的社會反響。

目前對於吳亮止園、吳玄東第園、吳襄青山莊，已有一定的研究。但全面介紹吳氏家族的園林成就，薛煥炳先生的這本《毗陵吳氏園林錄》是第一部。薛先生是常州市地方文化研究的資深學者，先後出版過《記憶龍城》《晉陵月色》《常州街巷》《中吳輿地》《毗陵瑣聞》《延陵遺風》《蘭陵雅集》《中吳遺珠》和《常州名園錄》等十餘部著作，對常州的歷史、地理、文化極為熟悉。2014 年我到常州考察止園遺址，便由薛先生引導指點，收獲頗豐。2018 年的「高居翰與止園」國際研討會，得到薛先生的大力支持。2019 年由常州宣傳部牽頭組織的「止園歸來」藝術大展，薛先生全程深度參與策劃和指導。

從園林的視角切入，去探討一個家族頑強的生命力和蓬勃的創造力，意義非凡。而這種探討，由一位懂常州、愛常州的文化學者的著作來開啟，更是意味悠長。期待讀者能從這部《毗陵吳氏園林錄》中，收獲不一樣的風景和啟迪。

序七 / 弁言

寒雪

由一位耆老卻又是晚學編撰的《毗陵吳氏園林錄》，竟然有數位國內著名學者為書撰序，並不是為筆者拙作點贊，而是為常州歷史上的吳氏家族喝彩。2020 年恰逢江南一代名園 —— 止園建成 400 周年，讓本書有了特殊的意義。

萌發編撰《毗陵吳氏園林錄》一書出於兩個原因：一是在十多年前，讀到明代造園一代宗師計成的園林專著 ——《園冶》，序言提及並引計成自豪的東第園，竟然是常州吳元的園林，此園出於宗師之手，數百年來因此作為江南園林之典範而載入史冊，數百年來因此廣為流傳；一是 2012 年由高居翰、黃曉、劉珊珊合著的《不朽的林泉》一書正式出版，開篇之作就是描述常州另一座園林 —— 吳亮止園。高居翰先生是美國著名東方藝術權威、加州伯克利大學教授，窮盡 70 年為之研究，一生都在國際上講述着中國止園的故事。

高居翰為何樂此不疲研究常州止園？緣於明代張宏用寫真手法留給世人 20 幅《止園》圖冊，按高居翰之言：這是中國唯一一座留下反映那一時期整體視覺圖像的江南園林。而計成所構東第園與高居翰盛讚的止園均出自常州北渠吳氏，吳亮與吳元又為嫡親兄弟，此等雅事，能不關注？

出於好奇，確切地説是出於對毗陵吳氏世家的敬仰，對鄉邑文化的獨鍾，筆者開始研究這個家族的歷史。從中發現兩個頗為突出的現象：明代中葉，宜興文士吳性自滆湖南岸的北渠遷至常州城中洗馬橋，明清兩代一門進士 26 人（其中武進士 3 人）；吳性子孫又好置園，僅在武進一地，見文獻記載的園林就有 12 座之多，著名者除止園、東第園外，還有小園、綠園、頗園、天得園、嘉樹園、白鶴園、青山莊、蒹葭莊、來鶴莊等。巍巍乎，享譽龍城；泱泱乎，獨秀中吳！

毗陵為華夏吳氏之郡望所在，3200 年前，泰伯攜仲雍南奔荊蠻，裔衍三吳；季札三讓國位，封邑延陵，自此，吳氏以「延陵望族，世家第一；梅里嘉聲，至德讓三」之名享譽江南，吳氏也秉承「延陵世澤、讓國家風」之理念，尊泰伯、仲雍、季札為人文始祖。而武進、宜興水相連，地相接，俗相近，語相通，兩地吳氏親加親，故李東陽有《予莊詩》稱宜興吳氏：「荊溪野人不識渠，有眼道是延陵吳。」出於這些歷史依據與生活現實，故將武進、宜興吳氏舊時園林統稱毗陵吳氏園林，一併列入《毗陵吳氏園林錄》。

常州素稱「江左名區、八邑名都」，轄武進、陽湖、無錫、金匱、宜興、荊溪、江陰、靖江 8 縣，理應將歷史上八邑（縣）的吳氏舊園一併收錄，鑒於資料難全、考證複雜等諸多因素，故作者僅選武宜兩地吳氏之舊園，品讀一族林泉之風範。

在編寫《毗陵吳氏名園錄》過程中，作者得到了北渠吳氏後人、著名書畫家吳歡先生、吳宗達十二世孫吳君貽老師的大力支持。吳歡先生出於對先賢的仰慕，積極推動此書的寫作與出版；吳君貽先生提供了許多有關北渠吳氏的歷史信息及研究成果，大大豐富了本書內容。同時，本書參考了上海、南京、常州、宜興等地部分學者的研究成果，又得到宜興吳新坤、吳淦華等耋宿的指教。在實地考察中，常州學者費龍民、宜興古鎮文化研究會會長章順明等為筆者提供了很大幫助，摯友張平生、張軍先生為本書又作認真校對。在此，對所有給予支持和幫助的老師、朋友以及同仁表示誠摯謝意。

由於編寫時間緊促，手中可查資料較少，加上作者水平有限，本書肯定存在許多問題與不足，為此深表遺憾，同時敬請讀者、學者、專家不吝指教。

2019 年已亥晚秋於福州屏西書屋

城隅草堂

居然閭閻有山川

城隅草堂又名隅園、庵園亭，位於常州城東懷德門（今元豐橋南）內。庵園亭始建年代不詳，明嘉靖年間，宜興吳性曾寓居此地。草堂因偏隅懷德門一側，因而得名。

吳性（1499－1563），字定甫，號寓庵，祖籍常州宜興北渠里（今宜興和橋鎮北渠），後遷居郡城洗馬橋，為北渠吳氏遷常始祖。嘉靖十四年（1535）進士，授南陽儒學教授，後升南京戶部山西清吏司署員外郎事主事等。敕授承德郎，升南京戶部陝西清吏司署郎中事主事，補戶部江西清吏司署郎中事主事，告改南部，復任南京禮部精繕清吏司署郎中事主事，轉南京禮部主客清吏司署郎中事主事，升尚寶司司丞。吳性在世時，家居孝友，有古賢遺風，卒，祀於常州鄉賢祠。著述有《讀禮備忘》2 卷、《天真園稿》12 卷、《喪禮酌》等。

吳性育有六子：吳評（行一）與吳誠（行二）幼殤，另外四子分別是可行（行三）、中行（行四）、尚行（行五）、同行（行六）。

城隅草堂是吳性的寓居之所，或由岳父段氏所置。吳性十五歲取得常郡童生，後又取得常郡庠生，先後坐館（塾師）於城東段府、鄭府。坐館段府時，吳性已娶杜氏，並生吳評、吳誠两儿。段氏又將女儿許配吳性，又生可行、中行、尚行、同行四人。吳性娶段夫人後，杜夫人隨吳性遷迎春坊水關，而段夫人則居城隅草堂。不幸的是，吳評、吳誠於嘉靖庚寅（1530）相繼夭折，三年後，杜夫人在喪失幼子的悲痛中亦離世。清《光緒武陽志餘·古跡》:「城隅草堂，明尚寶丞吳性寓園，洪朝選寓居，吳寓庵《園亭詩》: 園亭雖小構，旅客遂深棲。倚樹防驚鳥，開軒故面溪。逃廬滋野性，因是付天倪。機事都忘盡，只應學灌畦。」

除《光緒武陽志餘》記載，清乾隆年間吳龍見纂《北渠吳氏翰墨志》有吳可行《城隅草堂》二首，詩有跋:「毗陵城東隅園館一區，先君子曾僑寓焉。迄今垂七十年，所竟屬余也。賦詩志感兼以自壽云，時萬曆戊戌新秋日。」詩曰：

一

孩提於此愛吾親，別去重來二十春。
敢擬函關曾禦李，不勞縣署且居荀。
泫然大柳悲元子，適爾兒童訝季真。
華表後歸千歲鶴，草堂先保百年身。

二

勺水盈池石一卷，居然闠閭有山川。
蒼松翠竹藏餘地，赤日紅塵隔遠天。

家婢自能通鄭業，門生相與异陶篋。

銜杯垂釣逃名意，翻使高名萬古傳。

此詩作於萬曆二十六年（1598），從吳可行《城隅草堂》詩中可以得知：草堂（庵園）為吳性寓居之所，這裏恰有林泉一方。園中曲水盈池，可以銜杯垂釣；山石雲捲，如同閭間山川；又有蒼松翠竹，赤日蔭於樹間，紅塵絕於世外，天遠地隔，還有涼亭，能度清靜。吳性在此學農灌畦，忘盡煩惱，頗有唐代高適「遙見林慮山，蒼蒼戛天倪」之感，故一時發出「機事都忘盡，只應學灌畦」的感慨之言。

城隅草堂有宛習池，池名概取梁簡文帝蕭綱《春日想上林》詩句「處處春心動，常惜光陰移。西京董賢館，南宛習郁池」意。後來吳可行亦居城隅草堂，並在這裏創建蘧廬，題《城隅草堂》詩以懷舊。

城隅草堂是吳性寓常最早的居所，後來才卜居縣學街洗馬橋。吳性《考槃記》曰：「余僑寓郡城逾廿載，始卜居行春洗馬之里。」

吳可行（1527－1603），北渠吳氏八世孫，吳性次子，字子言，號後庵，常州武進人。嘉靖三十二年癸丑（1553）進士，選翰林院庶吉士授檢討，以文學著稱，才高氣雄，曾得大學士徐階賞識，賜蟒玉一品服出使琉球，進階徵仕郎。曾與丁士美襄校《永樂大典》重抄本。

城隅草堂作為外家的房產，後來吳可行在此興建蘧廬。而後又將蘧廬傳給兒子吳宗達（按：文獻記載吳可行只有獨子吳宗因，吳宗達為吳同行長子，吳可行從子。）吳宗達奉父可行之命，居守是廬。吳宗達《宛習池蘧廬記》[1] 對此事有所記載：「先君子後庵創有常郡蘧廬，僻處郡之東北隅，為將母也。自嘉靖癸亥年以後追溯既六十年矣。予小子奉命先君子居守是廬，在萬曆癸巳年追溯既三十有六年矣，中為敞廳，予向來目為處堂，上漏下濕匪朝夕，蓋緣木構，仍舊水流東關。」

吳性自號寓庵，疑與庵園亭（城隅草堂）有關。寓庵，顧名思義，寓居庵園亭也。

庵園亭既是吳性忘懷之所，也是他的傷心之地。吳評、吳誠幼時隨其生活，後因故夭折，吳性留下無限思念與悲痛，「泫然大柳悲元子，適爾兒童訝季真」就是當年的情感表露。

吳性在《祭誠兒文》中悲歎：「予忍祭汝耶，前年喪弟，今復喪汝，歸來半載，營葬兩喪，情緒之惡可知已，予尚忍以文祭汝耶。汝生之初，值吾食貧，羈寒愁苦，險阻艱難，豈但吾與汝母同之，汝亦有知焉。今予添祿，仕衣食漸足自給矣。汝遽夭逝，吁嗟天乎，何使我不幸至是極耶！」

吳性定居常州後，購得洗馬橋東側（今常州實驗初級中學）一塊空地，營建林泉，取名天真園。吳性子孫在常也多營

1 《宛習池蘧廬記》錄自吳宗達《渙亭存稿》。

林泉，方孝標[2]《嘉樹園海棠花記》:「夫嘉樹園者，故翰林學士吳復庵先生之遺構也。學士生隆、萬（隆庆、萬曆），盛年為貴官，以文章諫諍聞海內。兄弟子侄，多佔甲科。歸老處優，富冠江左，一時置園林凡七八處，遺其子孫。」方孝標所言「一時置園林凡七八處」僅指復庵先生吳中行一支，而可行、尚行同行三兄弟亦有園，據統計，有文字記載的吳氏園林目前已知13處（鶴園、止園、小園、綠園、素園、天真園、東第園、天得園、來鶴莊、嘉樹園、青山莊、蒹葭莊、城隅草堂），園中且多見養鶴記錄。究其原因，恐與吳性長子（吳誠）幼喪有關。吳性「泫然大柳悲元子」，常常夢見兒子天真爛漫的樣子，他不願意讓其就這樣離去，認為「適爾兒童訝季真」的兒子，應該變為一隻白鶴，陪伴自已度過一生。故此，吳性子孫在園中多養鶴，表達孝悌之心。

城隅草堂不知廢於何年，至今難覓當年遺蹤。《光緒武陽志餘》故此將其列為無考古跡，說明此園消失久矣！另有可能，吳可行隨母親居住城隅草堂後，在草堂舊地附近重新營建庭院。為了紀念早逝羽化為鶴的吳誠，園內建有鶴圃，新園取名天得園（參見天得園第一章）。

2 方孝標（1617 – 1697 年），本名玄成，避康熙帝玄燁諱，以字行，別號樓岡，安徽桐城人。順治六年（1649）進士，累官至內弘文院侍讀學士，以江南科場案事，流放寧古塔，後得釋。康熙九年入滇，仕吳三桂，為翰林承旨。據在滇、黔時所聞所見明末清初事，著《滇黔紀聞》。同邑戴名世《南山集》，多採其言。

天真園

選石留雲住，支亭放鶴過

常州城內曾有高墩子、高墩弄等地名。高墩子位於斜橋巷北，今實驗初中範圍；高墩弄位於陽湖縣城隍廟後，又稱二條弄，今青果巷歷史文化街區東端。高墩弄之高墩，為城隍廟園林之遺跡；而高墩子之高墩，則為明代天真園遺跡。

天真園始建年代大約在明代嘉靖二十四年（1544）前後，園主人為嘉靖十四年進士、宜興人吳性。大學士華亭徐階撰《明故尚寶司司丞寓庵吳公墓誌銘》中有這樣的記載：「公固以母不逮養為憾，至是焚黃墓前曰：『吾願足矣。』即引疾歸，未幾遭父丁憂，未服闋補户部，乞改南太宰。四明聞公曰：『是素恬於進，宜有以勵士。』改南京禮部主客署郎中事主事，踰年復請告，作天真園，與朋舊詠遊其中，將遂終身焉。既而曰：吾本以疾告於出處未明也！」

天真園佔地面積不詳，方志未見記載，吳性十四世孫吳君貽先生依據《北渠吳氏宗譜 · 祠宇》記錄，並描繪圖例：該園包括寓庵公（吳性）專祠、復庵公（吳中行）專祠在內，面積大約 6 至 8 畝。按清《道光武陽合志 · 城廂圖》：頗園東臨玉梅河，西至縣學街，南起斜橋巷，北至北后街，「頗園」二字赫然在目，與吳君貽先生依據《北渠吳氏宗譜》描繪圖例基本一致。

吳性由宜興滆湖南岸的北渠里徙常，購得迎春門外洗馬橋側空地，建成宅院。吳性《宅南開徑記》[1] 曰:「往者甲辰之秋，卜居行春坊市，初佔洗馬橋左西北一隅，其南為姚氏、須氏也。」

行春坊即迎春橋塊縣學街，洗馬橋則為白雲溪支流上的一座小橋，二者位於斜橋巷一側。

關於天真園，吳性《天真園稿 · 考槃記》記錄更為詳細。所謂考槃，意指「成德樂道」或「避世隱居」，《詩經 · 衞風 · 考槃》:「考槃在澗，碩人之寬。獨寐寤言，永矢弗諼。考槃在阿，碩人之薖。獨寐寤歌，永矢弗過。考槃在陸，碩人之軸。獨寐寤宿，永矢弗告。」《考槃記》曰:「余僑寓郡城逾廿載，始卜居行春洗馬之里，垣屋久不治。時余

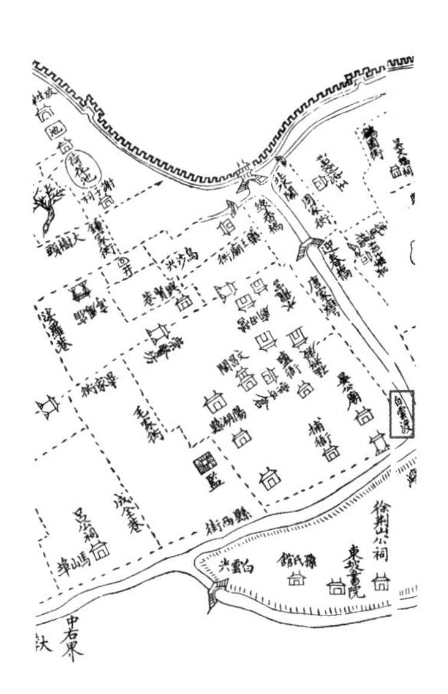

* 頗園的前身為天真園

1 《宅南開徑記》錄自《北渠吳氏宗譜 · 翰墨志》。

猶從四方之役，又六載巳酉秋，以主客郎留滯南禮漕，緣病請告東歸，堂寢偪側，宴居無所，乃即左偏隙地而考槃焉。」

《考槃記》又云：「行吟遊衍，頗覺寬閒，薜蘿筠柳，桐柏桂蕉，皆年來所手植者，殆已掩映周遭，清蔭可憩。是堂也，前臨蓮池，後倚石台，短榭朱欄，徙倚憑眺。雙井轆轆，隱隱牆外；泉流石竇，逶迤竹樹根旁，沸噴龍口。潛穴台堧，東南小匯為月池，伏繞涼亭之陰。溢出其陽，循除鳴號，琥琥乃達於方塘。」

天真園以園內草堂為核心，前臨蓮池，後倚石台，身置水榭，憑欄可眺。又有雙井置於園牆之外，水泉石磯，逶迤於竹樹之間。泉水迂迴百步，從龍口噴出，匯入東南隅之新月池，因池如半月，故得此名。吳性「考槃」之所，既有茅舍、涼亭，又有方塘、蓮池，蓬舍、草閣峙於溝塘兩端。

園西三楹設為私塾，四壁畫有孝悌、忠信、幼儀等故事，以教育子孫。塾舍後二楹為庖廚、澡堂。池館之間，薜蘿筠柳，桐柏桂蕉，皆由前人所植。園內另有土丘，由人工堆成。土丘植竹為林，闢徑為道，亦有山水迤邐之貌。常州後來的巷名「高墩子」就源於這座土丘。按當時吳性所言：「夫復奚求，獨念疇昔，初簣土為丘，種竹為林。時龍津吳子、雙橋邱子嘗來視余，散步林丘間。」林泉雖小，卻頗覺寬閒，行吟遊衍，宛如宜興故里溪山。吳宗達喜梅，並在天真園廣植梅花。遠在朝廷，還時時不忘故園的梅花。《憶故園梅花二首》詩云：

一

繞屋疏梅樹樹垂，春光每喜逗南枝。
不辭雪後風前賞，為愛清冰白玉姿。
未許佳人吹短笛，盡教狂客倒深卮。
故園回首三千里，驛使傳來更幾時？

二

豈解催人白髮垂，吟懷猶自憶寒枝。
可憐遊子他鄉色，無復名花隔歲姿。
腰瘦沈郎頻減帶，情深陶令不倦卮。
承明已厭吾將隱，更訂心盟歲晚時。

吳宗達曾題《夏日園居四首》，借園中之景，道盡歸隱之思，詩中多用三徑、求羊、南阮等歸隱典故：

一

夙有蒹葭思，伊人宛一方。
臨池懷草聖，把酒問花王。
未雨鳩喧樹，隨風蝶過牆。
偶然尋物理，三徑豈可荒？

二

瑤島誰能問？幽棲逸興賒。
觀魚如有樂，耽局寂無譁。
桐長題詩葉，蜂攢釀蜜花。
枕書消夢覺，天外夕陽斜。

三

生計吾何有？應知拂袖長。
琴唯調舊譜，藥為簡新方。
雲散青天迴，風來細草香。
不因蒿滿徑，那赴見求羊。

四

已覺心如水，猶將境絕塵。
閒身思禮佛，病骨畏逢人。
南阮還堪適，東施肯效顰。
小園先子意，雅額是天真。

吳宗達又有《天真園葵花》詩，細細品來，亦具韻味：

峭壁迸丹霞，含情依水涯。
絕塵空外色，照影鏡中花。
魚吸還疑吐，蜂狂欲共斜。
小亭相對處，盡日捲窗紗。

吳性為何將家園取名「天真」？我們可以從吳宗達《夏日園居》中找到答案：「小園先子意，雅額是天真。」天真可以指代兒童，吳性是念念不忘幼殤的長子吳誠（一說吳評）。當然，吳性取額「天真」或另有他意。（按：先子即吳性。「天真」主要是指事物的天然性質或本來面目，以及做人須性情直率，沒有任何做作和虛偽之意，形容像儿童一樣。）

吳性為何如此鍾愛園中林丘？《考槃記》中也給出答案：「余陽羡人也，形跡雖滯郡城，而故園溪山，神馳未已。頃者稍營吾圃，期以他日苟完，則滆水銅峰宛在心目，遂將老矣。」吳性是將此園比作宜興鄉邑，雖身居郡城，卻心繫陽羡，故理山理水，將家鄉滆水、銅峰融於區區一園。吳宗達為吳性長房孫，居此多年，明萬曆三十二年（1604）進士，授翰林院編修。天啟中，被指為東林黨，便託病遁跡家居，與友人唱和於園。《渙亭存稿・跋天真園唱和集》云：「不佞以乙巳夏移疾南還，及期始有起色。筆墨久荒，語言無味，蓋不絕而疾者久之。趨庭之下，喜得惲遠卿先生而從遊焉。先生腹笥甚富，尤喜汲引後學，間有吟詠，輒命屬和，積且成帙矣。」從吳宗達《跋天真園唱和集》可知，天真園從吳性傳至吳可行、吳宗達，祖孫三代皆在此園居住生活。

天真園是北渠吳氏的發祥之地，也是北渠吳氏的族塾之所。吳性夫婦與可行、尚行、同行三房子孫皆住洗馬橋，僅是吳性儿孫就有二十餘人，可謂一個大家庭。吳性去世後，可行、尚行、同行還能維持這一家業，萬曆三十一年（1603），可行、尚行、同行在 40 天內（疑得瘟疫）相繼離世，洗馬橋吳氏家業岌岌可危。天真園傳至吳性曾孫吳守鼎時，林泉漸衰。由於守鼎等輩不肖，經常在園中聚眾賭博，吃喝玩樂，結果資不抵債，只得典出宅園，轉讓給族叔。大約在崇禎初年，天真園又被本邑鄭鄤購得，吳家只留下吳性、吳中行兩座專祠。

鄭鄤購得此園後，重新修繕與營建，改名頗園，取「頗具規模」意，邑人則俗稱鄭園。

鄭鄤（1594－1639），字謙止，號崟陽，鄭振先子，常州武進人，明代散曲家。少有才名，隨父講學東林。熹宗天啟二年（1622）進士，因上疏彈劾閹黨，被降職外調，回籍候補。天啟六年，楊漣、左光斗等六君子遭魏忠賢閹黨誣陷入獄，鄭鄤作《黃芝歌》寄予同情，乃削職為民。為免遭閹黨毒手，曾遠遁贛、粵一帶。崇禎立，始得返里復起。入京後又因批評內閣首輔溫體仁而遭誣陷，被捕入獄，備受毒刑，以凌遲而死。鄭鄤獄中《痛瀝奇冤疏》曰：「疾痛呼天，一字一血，字忘溢格。」

鄭鄤購得天真園與鄭、吳兩家姻親關係有關。鄭鄤父親為禮部主事鄭振先，母親吳氏為翰林院吳可行小女兒（側室所生），也就是說，天真園曾是鄭鄤的外祖父家。《明季北略．磔鄭鄤》條目云：「鄤繼母，大學士吳宗達女弟也。」《北略》說鄭鄤繼母吳安人是吳宗達的妹妹，此說有誤。鄭鄤為母親所寫行狀云：吳安人生於萬曆癸酉（1573）。《北渠吳氏族譜》載：吳宗達生於萬曆四年（1576），比吳安人小三歲。正確的說法是，吳宗達是鄭鄤母親吳安人的堂弟。鄭振先父親鄭邦煜與吳可行關係密切，鄭振先 11 歲時，詩文皆擅，得到吳可行賞識，13 歲成為生員，18 歲中舉，21 歲與吳安人完婚，23 歲生鄭鄤。吳亮《鄭太君》詩中也寫到堂妹吳安人：「芙蓉媚綠波，桃李艷白日。何似嶺上松，凌寒獨蕭瑟？有孅鄭太君，節烈本夙植。一線繫若絲，万金散如擲……」

鄭鄤與徐霞客[1]、黃道周[2]結為好友，三人經常往來，黃道周曾於天啟五年、崇禎三年、崇禎十七年三次來常，其中兩次到頗園，並賦詩描寫頗園池館景色。崇禎三年（1630），黃道周作《毗陵見鄭峚陽在家四章》，其一：

浪跡九州小，安巢一葉多。
桃梅依序在，風雨奈人何。
選石留雲住，支亭放鶴過。
思君常耿耿，白苧委青蘿。

鄭鄤對崇禎三年與黃道周的這次相聚，十分懷念，曾題《懷黃石齋》詩：

百尺孤根伴石頑，一時生氣照人寰。
平分肝膽何方血，獨撫頭顱早歲斑。
雪盡飛鴻嚴朔漠，風驚春樹淨雲山。
無端千里懷人思，叱罷青萍晝掩關。

1 徐霞客（1586－1641），名弘祖，字振之，號霞客，南直隸常州江陰（今江陰市）人。地理學家、旅行家和文學家，地理名著《徐霞客遊記》的作者，被稱為「千古奇人」。

2 黃道周（1585－1646），字幼玄，號石齋，漳州漳浦人，天啟二年（1622）進士，歷官翰林院修撰、詹事府少詹事。南明隆武政權時，任吏部尚書兼兵部尚書、武英殿大學士（首輔）。因抗清失敗被俘，壯烈殉國。清乾隆四十一年（1776），追諡忠端。明末學者、書畫家、文學家，與劉宗周並稱「二周」。

徐霞客為江陰馬鎮人，來常的次數更多，其中一次是在夜間，專門來頎園給鄭鄤送竹，為此，鄭鄤賦詩二首，其一：

燈火照人腮，此君清夜來。
一時留月到，千古瀉愁開。
霞客殷勤護，雲心次第陪。
題名存淡漠，宿鳥不相猜。

頎園不僅留下徐霞客、黃道周的足跡，園內還曾發生一件值得稱道的故事：崇禎三年（1630），黃道周服母喪期滿，便接到崇禎皇帝詔諭，立即回赴京復職。途經常州，宿於頎園，第二天繼續北行。徐霞客得知黃道周在常州的消息，立即從江陰趕到郡城，此時黃道周已經離開常州。於是，徐霞客僱上一舟，追到丹陽，兩位友人終於相見。黃道周寫詩贈送徐霞客，徐霞客又回到常州頎園，鄭鄤在黃道周贈詩上題跋：「石齋過毗陵，為余言霞客之奇，徒步三千里，訪之墓下[1]，當事者假一郵符，卻弗納。時聞予在羅浮，則又徒步訪羅浮。往來海上，真有卓契順之風。言甫畢，石齋去而霞客來。聞石齋之過也，追及之丹陽，得所為詩而歸。予適病痰嗽，榻上一舉手而已，亦欲少有結撰，以酬千里羅浮之雅，痰病殊劇，聲氣不屬，竟不能成。初，石齋謂余曰：『方墓下時，有筆墨之戒，至今耿耿，不知此逋何日能償。』故丹陽一見即償之。其云石人急就章，

1　徐霞客徒步前去拜訪時，黃道周守孝在家。

蓋已數年之約矣。」黃道周給徐霞客的贈詩及鄭鄤題跋石刻至今尚存，鑲嵌於江陰馬鎮晴山堂的牆壁間。

關於鄭鄤與徐霞客、黃道周的友誼及其在常州頗園的相遇，《黃道周年譜》也見記載：「崇禎三年庚午，先生年四十有六……見峚陽於家，將渡江，溫都門戒嚴，驛騎留滯，乃單車就道，寄鶩鄭園。至儀徵，遲回數日，還向毗陵，召家北上。」

崇禎十一年（1638），鄭鄤遭人陷害打入大牢，寫下一首 200 字的長詩《偶思徐霞客西域未還，案無韻書，憶用刪字韻》[2]，次年，鄭鄤就遭凌遲；兩年後，徐霞客也因病去世，年僅 55 歲。崇禎十七年（1644），黃道周專程來常，祭拜九泉之下的兩位亡友。

頗園毀於咸豐十年（1860）。同治年間，吳氏裔孫重修寓庵公（吳性）、復庵公（吳中行）專祠，而頗園未能修復。

由於頗園破爛不堪，民國時期，訛名破園。民國七年（1918），邑人利用頗園與祠堂舊址創辦私立潛化專修館，後改名潛化專修學校、潛化中學、立本中學、中山中學，成為常州城區最早的私立中學之一。

新中國成立後，頗園改名新園，中山中學則改名第七初級中學，而新園弄（高墩子）一度成為東區（天寧區）政府駐地。

20 世紀 80 年代，七初中內仍存部分祠屋，並有一批碑刻保存完好，置於校內廊道間。

2　此詩收錄於鄭鄤《峚陽草堂詩集》。

1997年，第七初級中學與廿一初級中學合併，改名常州市實驗初級中學，校內那批碑刻不知去向！

吳性《考槃記》曰：

余僑寓郡城逾廿載，始卜居行春洗馬之里，垣屋久不治。時余猶從四方之役，又六載巳酉秋，以主客郎留滯南禮曹，緣病請告東歸，堂寢偪側，宴居無所，乃即左偏隙地而考槃焉。

輒教童稚，雅歌微醺，與發朗吟《歸去來辭》《赤壁賦》以自暢，倦則頹然就臥，曲枕方床，隨意偃仰，往寤寐淵明、貞白、和靖諸子，恍與之周旋羲王間也。

西凡三楹為族塾，明窗淨几，環列學徒，屏阿以中，塾師之榻在焉。四壁畫繪孝悌忠信幼儀諸故事，因揭先正格言及家訓、規略以啟迪蒙昧，自省躬行曾未有得，以此為教，亦豈必其能從？然聖賢成法，實吾輩所宜表彰而服膺之，不可一日忘焉者，況往來師友，素稱多賢，將無聞風而興，匡余之不逮者乎？家塾之後，綴以二楹，為庖偪處童僕，而蓬舍草閣，咋峙於溝塘之東西。

舊好親朋，偶來會顧，清尊情話，竟日淹留；鼓琴投壺，按摩聽笛，起居惟適所安晡。行吟遊衍，頗覺寬閒，薜蘿筠柳，桐柏桂蕉，皆年來所手植者，殆已掩映周遭，清蔭可憩。是堂也，前臨蓮池，後倚石台，短榭朱欄，徙倚憑眺。雙井轆轆，隱隱牆外；泉流石竇，逶迤竹樹根旁，沸噴龍口，潛穴台堧，東南小匯為月池，伏繞涼亭之陰。溢出其陽，循除鳴號，淲淲乃達於方塘。風日晴和，有狂客至，佳思曠懷，或偶與主合，即命酌浮觴，籍草列座，呼廬攫飲，分韻賦詩，彷彿蘭亭遺意，余於是聊足優遊卒歲矣，夫復奚求？獨念疇昔，初簣土為丘，種竹為林。時龍津吳子、雙橋邱子嘗來視余，散步林丘間。微論及出處，笑謂之曰：「余陽羨人也。形跡雖滯郡城，而故園溪山，神馳未已。頃者稍營吾圃，期以他日苟完，則滆水銅峰宛在心目，遂將老矣已乎！」於時猶若訝余言之落落難合也！今既漸能就緒，若可籍之，以復二君矣。是為記。

嘉樹園

衣冠悲寂寞，竹樹莽蕭森

嘉樹園為明中宜興北渠吳氏在常諸多園林之一，也是其中構建最早的園林之一。

嘉樹園在常州舊志中文字記載不多，且有失實。清《道光武進陽湖合志·輿地志》載：「嘉樹園在小北門外，吳奕遺園，今廢。」這一記載有誤：嘉樹園並非吳奕遺園，而是吳亮遺園。吳亮《止園記》云：「余性好園居，為園者屢矣。先大夫初治嘉樹園。稍東有園一區，為季父草創，余受而葺之，稱小園。已城東隅有白鶴園，先大夫命余徙業，於是棄小園。已先大夫即世，余復葺嘉樹園，於是棄白鶴園。已復棄嘉樹園而得茲園。園屢治而產銳減，然又屢治屢棄而皆不為余有。」

吳亮此言是說，嘉樹園是由父親吳中行初治，後由自己復葺，園屢治屢棄而皆不為己有。

據考，嘉樹園在小北門（中山門）外，吳亮修葺後作為父母養老之所，吳亮歸隱後一度在嘉樹園旁邊的小園居住。萬曆三十八年（1610），吳亮在一河之隔的青山門外又建止園，於是棄嘉樹園而徙居止園。

吳亮為吳奕哥哥，官至大理寺右少卿。萬曆三十八年，吳亮棄官歸里，營建止園。吳亮生性好山水，本想在宜興山中營建別業，只因父母健在，不能遠行，只得在郡城營建林泉，按他自己的話說：「頃從塞上掛冠歸，擬卜築荊溪萬山中，而以太宜人在堂，不得違咫尺，則宿捨茲園何適焉。於是一意葺之，以當市隱。」

嘉樹園舊址在今天西園村一帶，《止園記》云，止園與「嘉樹園相望，盈盈一水，非葦杭則紆其塗可三里，故雖負郭而人跡罕及」。清康熙壬寅年（1662），方孝標被赦歸，曾暫居毗陵友人楊廷鑒之東園。秋日，偕友人賞桂花於嘉樹園。越明年春，聞茲園海棠盛開，再往觀之，并撰《嘉樹園海棠記》[1]，對此園記載更為清楚：「夫嘉樹園者，故翰林學士吳復庵先生之遺構也。學士生隆、萬，盛年為貴官，以文章諫諍聞海內。兄弟子侄多佔甲科。歸老處優，富冠江左，一時置園林凡七八處，遺其子孫。茲則其庶孫所授也。孫為妾出，即所謂主人之母者也。」方孝標生活於明天啟、崇禎至清初順治、康熙年間，按其記述，嘉樹園為「吳復庵先生之遺構」。方孝標遊覽毗陵時，嘉樹園已由吳中行庶孫、吳奕兒子吳去思與母親共住。今博愛橋東有西園路、西園村。所謂西園，其實就是當年嘉樹園舊址。其東另有小園，嘉樹園因位於小園西，故稱西園。

1 《嘉樹園海棠記》錄自方孝標《純齋文集》。

嘉樹園創建年代大約在萬曆三十六年（1608），早於止園兩年，規模、形制不詳。從方孝標《嘉樹園海棠記》中得知，嘉樹園因園中海棠而得名。海棠共有三株，其中一株在園之東隅，幹生五枝，樹高七八丈，蔭可二三畝。如此大的海棠樹在江南少見，故謂嘉樹。方孝標又述：「園古邃多徑，屢折始至其最深處，望之有樓翼然，海棠在其前。」

從西園村一帶的地形來看，嘉樹園北瀕關河岸，東與小園相鄰，西至新城城濠為界，佔地約在30畝左右。

吳宗達曾作《客有攜酒嘉樹園》[1]詩：

載酒尋幽境，春風過北林。
衣冠悲寂寞，竹樹莽蕭森。
蟲網緣窗遍，苔痕入座深。
去來應物理，不醉復何心？

此詩有跋：「見招者，園故復庵伯手闢，以貽世于兄，先後遷異境矣。志感。」復庵伯即吳中行，吳宗達伯父；世于兄即吳中行三子吳奕，吳宗達堂兄。此詩說明嘉樹園後來由吳中行傳給了吳奕，故《光緒武進陽湖合志》云嘉樹園為「吳奕遺園」。又見明代吳兗《跋嘉樹園遺跡》[2]：「丁丑春，偶刻《家雞集》，搜遺跡，得家父書詩二首，為嘉樹園居作也。適湊茲園鼎

1 《客有攜酒嘉樹園》詩錄自吳宗達《煥亭存稿》。

2 此文載於《北渠吳氏宗譜・翰墨志》。

新之會亦奇矣。園為吾父手創，迄今為六十年。筆已久湮，箸亦他析，籍有天幸，一時頓還舊觀，手澤依然，而園樹則加拱矣。猶子去思克復先業，並勒二詩於壁間，余喜而跋之，以示世守者。」

吳兗所言家父吳中行書詩二首即《題梧竹鳳凰》：

一

棲梧鳴高岡，食竹巢阿閣。

窺廷正垂衣，何時在丘壑。

二

有鳳於仞翔，徘徊不肯下。

蕃與雞鶩群，所以見者寡。

吳兗是吳奕的弟弟，去思是吳奕兒子，吳中行手創嘉樹園60年後，此園已由吳奕兒子吳去思守業，重修家園時，吳中行二詩勒石鑲嵌於園中壁間。

新中國成立以後，西園村一帶曾建熱工儀錶廠、元件七廠等，可見當時周邊土地空曠，面積較大，今聚和家園即在嘉樹園遺址上興建。

方孝標《嘉樹園海棠記》：

毗陵古揚州地，厥上唯塗泥，宜草木。故大族厚聚之家，率多園林花木之勝，而特著者，則嘉樹園之桂花、海棠花為尤奇。

壬寅秋，余曾偕友人攜酒，坐其桂花下竟日。今年春，聞海棠盛開，往觀之。園古邃多徑，屢折始至其最深處。望之有樓翼然，海棠在其前，而戶扃不可入。問之，蓋主人之母所令也。又聞主人少孤，母才且健，操切以守其家。冬則拉園之枯株朽籜以給薪，夏市其樹筍花實以為利，春秋蒔蔬刈麥，蓋不以園為遊觀之地，而以為生息之資。扃之者，防攀折也。必使人通謁，道姓名，稟鑰而後得至花下。花三株，一株在東，一幹五支，菁蔥可愛，高七八丈，蔭可二三畝。二株在西，差小，而並植，則蔭倍之。登樓憑闌，花光適半，如坐錦繡茵，如行瑪瑙山上。風來拂拂，又如數萬十七八女郎作蓮花旋舞。憶余生平見海棠盛處，唯嘉禾[1]某氏園與都門韋公祠耳。某氏園凡七株，亦叢密，嫵媚而小，不及此花之古而大。韋公祠有其大，古倍之，而苦攀折，不及此花之厚而藏。然余此又有感焉。

夫嘉樹園者，故翰林學士吳復庵先生之遺構也。學士生隆（慶）、萬（曆），盛年為貴官，以文章諫諍聞海內。兄弟子侄多佔甲科。歸老處優，富冠江左。一時置園林凡七八處，遺其子孫。茲則其庶孫所授也。孫為妾出，即所謂主人之母者也。

1 嘉禾即嘉禾縣，位於湖南省南部，郴州市西南部，崇禎十二年（1639）始置，今為湖南省郴州市下轄縣。

尚想當時，春陽既浮，園花競秀，學士坐此花下，都騶從，操圓方，賓客滿前，聲伎擁後，歌安世房中之章，奏馬上清遊之曲，意氣豈不偉哉？乃今未百年，子孫猶賢且貴，而所遺多轉鬻他姓，不能守。唯此園存，存又以一婦人力。盛衰之理，可不謂富貴者戒歟！

然則觀此花者，抑觀其葉之將茁，苞之初舒，勿第觀其榮華之既盛也。何也？既盛者，衰之漸也。是為記。

小園

三徑春深聽鳥聲

明代萬曆年間，常州吳亮在青山門外構築止園，並撰《止園記》[1]。《止園記》中提到白鶴園、嘉樹園及其小園，記云：「余性好園居，為園者屢矣。先大夫（吳中行）初治嘉樹園。稍東有園一區，為季父草創，余受而葺之，稱小園。已城東隅有白鶴園，先大夫命余徒業，於是棄小園。」經過考證，止園、白鶴、嘉樹三園方位坐落及園主身份基本搞清，那麼，吳亮所言小園又位於何處？至今尚未確定。吳亮所云季父即三叔父吳同行。

按《止園記》描述，小園應該位於北太平橋南堍，即佳城庵與嘉樹園之間。理由是：《止園記》說嘉樹園在關河南涯，又云「嘉樹園稍東有園一區……稱小園」。佳城庵即今天博愛路小學所在地，嘉樹園即西園路東一帶區域（今聚和家園），按照這樣的地理方位對照，小園大概在太平橋路西側。吳宗達十二世孫吳君貽則認為小園可能在北后街（原迎春橋小學舊址）附近，與鶴園毗鄰。

1 《止園記》載吳亮《止園集》。孤本藏於北京國家圖書館。

小園由吳亮叔父吳同行所建，後由吳亮修葺而居，最後又歸吳亮弟弟吳奕，故在清《光緒武進陽湖合志·古跡》記載中錄在吳奕名下。

吳奕（1564－1619），北渠吳氏九世，吳中行子，字世于，號敬所，別號艾庵，萬曆庚戌（1610）進士，初授浙江縉雲縣知縣，後遷福建龍溪縣知縣。工詩能文。嘉靖四十三年（1619）去世，葬於城東洗菱溝橋。著《觀復庵集》16卷。

小園面積大約10畝，吳亮曾作數首小園詩，其中這樣寫道：「氣特崒嵂千峰上，心自棲遲十畝間」「魯問桑者自閒閒，況復棲遲十畝間」，可見，小園應在10畝左右。為何稱之小園？因在小園以西還有大園（嘉樹園），故名。

吳亮對小園情有獨鍾，其在《止園集》中描寫小園的詩不下十篇，其中有《題詠小園四首》：

一

大隱依然近市城，歸來但覺一身輕。
百年地僻留韻影，三徑春深聽鳥聲。
流水到門如有意，閒雲出岫總無情。
自甘疏放填溝壑，敢向時人說清濁。

二

魯問桑者自閒閒，況復棲遲十畝間。
但使清時老黃髮，何須大藥駐紅顏。
誰人辟世能忘世？若個還幽不出山。
欲問此中真隱訣，請君貽破名利關。

三

芳草無媒竹有香，蕭蕭徑路長新篁。
青絲月下千杆棹，紅粉風前幾樹妝。
卜築自能同蔣詡，彈冠應不籍王陽。
翻疑澤畔行吟者，孤憤猶勞問伯疆。

四

世事從容仰廟謀，何妨高臥擁羊裘。
不知北闕鐘聲盡，卻笑東山屐齒留。
黯黯風塵三市虎，飄飄天地一沙鷗。
詩篇幸爾如陶謝，騁望同銷夏日憂。

吳亮修葺小園時闢出三徑，徑路栽種竹篁，又疏溝壑，流水至門，再疊小山，閒雲出岫，他將自己比作東漢隱士蔣詡，而不屑於王吉、龔禹「彈冠相慶」；又比陶淵明、謝靈運，詩酒自娛。

吳亮特別慕拜杜陵人蔣詡。蔣詡以廉直而名，因不滿王莽專權，告病返鄉，隱居不出。蔣詡在自家庭院闢出三條小路，只與羊仲、求仲二位隱士來往，後來人們把「三徑」作為隱士住所的代稱。而漢宣帝時，琅琊人龔禹多次被免職，王吉在官場也不得志。漢元帝時，王吉被召去當諫議大夫，龔禹聽到這個消息很高興，就把自己的官帽取出，彈去灰塵，準備戴用。沒過多久，龔禹果然也被任命為諫議大夫，「彈冠相慶」就指此事。

小園規制不詳，但有一點可以肯定，園中疊有山，鑿有池，此一山水出自姑蘇造園名家周廷策[1]之手。吳亮與周廷策為好友，吳亮後來的止園也由周廷策帮助營建。小園假山完工以後，吳亮作《小圃山成，賦謝周伯上兼與世于弟二首》。小圃即小園，周伯上即周廷策，世于即吳亮弟弟吳奕。詩曰：

一

雨過林塘樹色新，幽居真厭往來頻。
方憐砥柱渾無計，豈謂開山尚有人。
書富寧營二酉室，功超不數五丁神。
一丘足傲終南徑，莫使移文誚濫巾。

二

真隱何許更買山？飛來石嶝緩躋攀。
氣特崒嵂千峰上，心自棲遲十畝間。
秀野蒼茫開露掌，孤城俾倪對煙環。
肯教家弟能同樂，讓爾聲名遍九寰。

吳亮《小圃山成賦謝周伯上兼與世于弟二首》澄清了兩件與吳氏有關的事情：一是吳亮歸隱故里先是修葺小園，後來再修葺止園。吳亮本想在宜興購買山地，築園隱居，其在《止園

1 周廷策（生卒待考），字一泉，蘇州吳縣人。周秉忠子。茹素，善畫觀音，工疊石。太平時江南大家延之作假山，每日束脩一金。年逾七十，先其父而終。著有《識小錄》。

記》中說：「擬卜築荊溪萬山中，而以太宜人在堂」，不得離開。由於這個原因，吳亮修葺小園，營造林泉，以「真隱何許更買山」作自我安慰；二是關於嘉樹園一事。《光緒武進陽湖合志》云：「嘉樹園在小北門外，吳奕遺園，今廢。」實際上吳奕遺園是小園，而非大園（嘉樹園），吳亮將小園讓給了吳奕，自己得了一個好名聲，吳亮故云：「肯教家弟能同樂，讓爾聲名遍九寰。」

小園不知廢於何時，估計與嘉樹園同時湮滅，十畝之園至今難尋遺蹤。

止園

始覺止為善，今朝真止矣

中國園林博物館於 2018 年 5 月 28 日發佈信息：常州止園主人後人（吳歡）走進園博館，探尋止園舊日風采。信息介紹：「止園位於江蘇常州（武進）城北，建造於萬曆三十八年（1610）。園主人吳亮（1562－1624），字采于，號嚴所，萬曆二十九年（1601）進士，官至大理寺右少卿。他辭官回鄉後，在武進城北的青山門外構築面積約為 32000 平方米的止園，並由晚明獨樹一幟的山水畫家張宏為止園寫照傳神，繪製了一套 20 開的《止園圖》。如今，止園舊址已不復存在，中國園林博物館與北京林業大學合作，對明代末年已經消失的南方私家園林進行復原研究，以吳亮所著《止園集》、明代畫家張宏繪製《止園圖》冊和常州地方志等文史資料為復原依據，由上海工藝美術大師闞三喜製作止園模型，真實生動地再現了止園的歷史風貌，也展示了中國古代南方私家園林得園的精髓。」

從以上介紹，可見止園在中國園林界的影響。

* 止園遺址

止園在常州歷史上可謂較大園林之一，故園位於青山門外，即羅武壩至北塘河拐彎處[1]，與歷史上的嘉樹園隔河相望。清《光緒武陽志餘．古跡》載：「止園，明吳亮為侍御時築。西面臨運渠，而路則從太平橋轉入。有閣臨道，榜曰桃花源裏人家。花繁數畝。園中有孫文介書七佛碣石，刻、青羊石二，從其婦翁蔣副使致大園移置，有自為記。新野馬編修之騏序曰：吾師采于先生解宣雲之節歸，治園於北郭外，手自為記，寓書命騏以數言弁首簡，騏受讀其記……」

馬之騏所言「手自為記」即吳亮《止園記》，記曰：「茲園在青山門外，與嘉樹園相望。盈盈一水，非葦杭則紆其塗可三里，故雖負郭而人跡罕及。依村闢園，有池、有山、有水、有竹、有亭館，皆犄具體而已。」登樓瞻望：「堞如櫛，濠如練，網如幕，帆檣往來，旁午如織，可盡收之。」

吳亮作《園居次世于弟旅懷八首》，其中云：

北郭青山近，扁舟日往來。
有緣頻灑掃，無事亦徘徊。
門外先生柳，庭前處士梅。
鴻飛看漸遠，燕雀不須猜。

1 今北塘河以東、青山灣綠地與新天地住宅區。

吳亮所言「堞如櫛，濠如練」「北郭青山」是指青山門城垣和城濠（關河），止園位於青山門外。吳亮自萬曆三十八年（1610）始營林泉，四十八年（1620）竣工，建設止園整整用了10年時間。

清《光緒武進陽湖志餘·古跡》又載：「問津亭在青山門外二里，張布政適建。吳一諤詩：問津流水小橋通，亭外青山在望中。曾記畫船來蕩槳，桃花三月柳絲濃。」志餘所言「問津亭」即止園北面的渡口。

吳亮（1562－1624），譜名宗亮，字采于，號嚴所，吳中行次子，萬曆辛丑（1601）進士，曾任湖廣道御史，又升大理寺右少卿、贈大理寺卿等。在世時，與顧憲成、高攀龍、薛敷教等東林黨人友善，志尚忠節。顧憲成卒，吳亮作《挽顧涇陽先生二首》：

其一

窮來天亦厭東林，忽報中吳失顧琛。
一息輕拋千古擔，九原空抱百年心。
不堪吾黨終陵勁，無奈斯人竟陸沉。
聞道春風猶滿座，肯容桃李自成陰。

其二

六龍城外九龍山，北斗南箕豈可攀？
下里衣冠俱莽莽，中原涕淚各潸潸。
千秋絕學看鳴鐸，五載虛銜抵賜環。
一任峨眉工點綴，輸君已透死生關。

* 止園效果圖

天啟四年（1624），吳亮去世，葬於祖籍地宜興閘口北渠南。著有《毗陵人品記》《名世編》《遁世編》《止園集》等，今存世。

吳亮為何選擇在青山門外營建止園？主要出於三個原因：一是父親吳中行在青山門內建有嘉樹園，止園與嘉樹園一河之隔，便於照顧雙親。二是高堂在常，不宜遠離。吳亮《止園記》云：「擬卜築荊溪萬山中，而以太宜人在堂，不得違咫尺，則宿捨茲園何適焉。」三是青山門外水陸便捷，又處寧靜之地。其在《園居》詩中這樣寫道：「慷慨猶未怡，我思以鬱結。歸雲向南飛，淒風自西入。所思在高堂，對此長邑邑……」

止園時為江南名園，可與太倉王世貞弇山園媲美。《弇山園記》曰：「園畝七十而羸，土石得十之四，水三之，室廬二之，竹樹一之。此吾園之概也。」[1]《止園記》曰:「園畝五十而贏，水得十之四，土石三之，廬舍二之，竹樹一之。」「茲園獨以水勝。」止園略小於弇山園。

止園地廣 50 畝，分為東、中、西三大區域，由河分隔，以水取勝。園內建有懷歸別墅、鴻磬軒、大慈悲閣、飛英棟、水周堂、來青門、清淺廊、梨雲樓、華滋館、竹香庵、真止堂、坐止堂、清止堂等，另有古廉石、飛雲峰、蟹螯峰、知津橋、宛在橋、芙蓉池、磬折溝，石、峰、池、橋、溝、壑，點綴其間，造園風格與明代王世貞弇山園十分相似，宜山、宜水、宜風、宜花、宜雪、宜月、宜雨、宜暑，與計成的「以境啟心，因境成景」設計思想吻合，重在自然，講究天人合一。

吳亮為何將林泉取名止園？取意陶淵明《止酒》詩：

居止次城邑，逍遙自閒止。
坐止高蔭下，步止蓽門裏。
好味止園葵，大歡止稚子。
平生不止酒，止酒情無喜。
暮止不安寢，晨止不能起。
日日欲止之，營衛止不理。
徒知止不樂，未知止利己。

1 《弇山園記》錄於《王世貞文選》。弇山園為江南著名園林，曾譽「東南第一園」。

始覺止為善，今朝真止矣。

從此一止去，將止扶桑涘。

清顏止宿容，奚止千萬祀。

《止酒》全詩共有20個「止」字，表達了陶淵明熱愛恬淡悠閒的田園生活，吳亮以「止」命名自己所居園林，亦是暗示自己厭倦官場黨爭傾軋，嚮往幽靜閒適、遠離世俗紛擾的園居生活。吳亮《題止園》詩便有「陶公澹蕩人，亦覺止為美」句。

吳亮《止園記》又云：「蓋嘗讀淵明止酒詩，其言止者，非一，要其指曰『始覺止為善，今朝真止矣』。此余所為真止名吾堂而並其名吾園之意也。」原來園主取名止園還有另外一層意思：「歸隱永不復出」。吳亮《題止園》云：「大道無停轍，宣尼豈不是。當其適去時，可以止則止。陶公澹蕩人，亦覺止為美。偶然棄官去，投跡在田里。定省願無違，逍遙情未已。更有會心處，翳然契林水。但得止中趣，榮名如敝屣。」這顯然是對止園名稱由來的闡述。

吳亮與姑蘇范允臨[1]為好友，范為止園撰寫園記與跋文，吳亮非常感激，於是賦詩四首，勒石以謝：

1 范允臨（1558 — 1641），字長倩，號長白，南直隸蘇州府吳縣（今屬江蘇）人，書畫家。萬曆二十三年進士，官至福建布政司參議。晚居蘇州天平山麓，建園林，樂聲伎，稱神仙中人。工書畫，時與董其昌齊名，歸築室天平山，有《輸寥館集》。

一

不謂蓬蒿宅，還栽桂數篇。
青雲甘自放，白雲竟誰憐。
握手論文日，傾心學圃年。
臨池一片石，籍爾筆如椽。

二

一自梅花發，長懷范尉宗。
多君辭官達，而我愧家傭。
載酒投車轄，揮毫避筆鋒。
移文那能勒，不學北山顒。

三

負郭為園好，君其問水濱。
扁舟來范蠡，折簡到吳均。
意羨詩無敵，還驚筆有神。
定知結駟後，不少換鵝人。

四

詞賦貉何益，山林信有緣。
花神寧見妬，草聖若為傳。
彩筆風塵老，清樽歲月偏。
廢興千古事，不為記平泉。

東林魁首高攀龍在《與吳嚴所書》中也提到吳亮構建止園

一事：「而於臣獨坐為黨，臣東林黨人也。抱病乞休，決意長往，知有東林而已。在巡方時，疏上察吏安民，詰戎振武，動關軍國大計，兩鎮肅然，任滿，代者不至，聞母毛淑人病，上章乞歸，不待報而行，得侍母疾。辛亥丁母艱，部議以擅去奪級，由是投閒十二年，修宗祠，捐學田，設義莊，葺止園，為終老計。」明代學者夏樹芳《增修毗陵人品記》序中說得更為清楚：「以將母故，方攬轡宣、雲，遂解節歸，退隱青山門外，藏書柱下，名園以止，示一隱不再出也。」

大學士吳宗達是吳亮堂弟，其在《止園詩序》這樣寫道：「古今大聖達賢遭時遇主，指不數屈，其沉淪湮抑，更僕未能，天止之矣，人且奈何？乃世道之責，不於庸愚，而於賢智，故其受過獨多，遘會獨苦，天生賢智而為庸愚役，而又不能滿其意也。人止之矣，我且奈何？惟我止，而天與人始無權。第有止境，苦無止心；有止心，苦無止韻。吾兄侍御公又若天與人所獨厚者，筮仕清局，以止為行。以奉簡書，甫行而止，意所不可。即日掛冠，山澤見招，樊籠若脫，視天地間無物為我有，惟園為我有。一泉一石，一鳥一花，閒試經綸，悉徵歌詠……曲砌層台，疏篁古木，園之妙無處不備，長歌短什，雅意研詞，詞之妙無處不備。有止心，止境逾寬；有止韻，止境逾適。」吳宗達語妙哉，將吳亮之止詮釋得淋漓盡致。

還有一個細節值得深思：吳亮生十一子：寬思（號眾止）、柔思（號嚴止）、恭思（號安止）、敬思（號欽止）、毅思（號仁止）、直思（號清止）、簡思（號明止）、剛思（號見止）、疆思（號康止）、栗思（號寶止）、止思（號嚴止），其子號皆取「止」字，意欲何為？這次第，怎一個「止」字了得？

遺憾的是，吳亮並未像自己所想的那樣「永不復出」，過恬淡悠閒的歸隱生活，萬曆三十八年（1610），母親重病，上章乞歸，不待報而行，回到常州，侍奉母親。次年（1611），母親去世，朝廷（部議）以擅去而奪級，於是「投閒十二年，修宗祠，捐學田，設義莊，葺止園，為終老計。」[1] 天啟二年（1622）前後，吳亮復出，正值閹黨猖狂之時，魏忠賢大肆迫害東林黨人，吳亮預感性命之憂，於是請告乞休，奏疏未能寫完，不知何因，吳亮當夜死於桌前，成為一樁謎案，是年為天啟甲子（1624）。哀哉！人去樓空，止園依在，是園後來由吳亮次子柔思營治。下面介紹一下止園概貌。

止園與青山門遙遙相對，一般均由北太平橋入園。南門設於關河北岸。入門便見大片水面，稱之放鴨灘。沿池往東，有曲橋名鶴梁，橋西有房舍三楹，取名懷歸別墅，坐落於山水之間。別墅以北為飛雲峰，此峰「巧石崚嶒，勢欲飛舞」，山石之間，水峽環繞，孤松挺立，不拘一格。

由飛雲峰繞回西岸，可以到達酷似瀛洲的小島，島上有水周堂與鴻磬軒。水周堂為止園西區的正堂，是觀瞻飛雲峰的最佳位置。鴻磬軒位於水周堂後院最高處，可謂「壘石為

1　見高攀龍《與吳嚴所書》。

基，突兀而上」，因軒前置有兩塊狀若青羊奇石，擊之有聲，音如磬響，故名「鴻磬」。此石係吳亮岳父蔣毅齋東園舊物，後移至止園。

鴻磬軒歷曲徑可渡柏嶼。所謂柏嶼，此地生長數十株百年古柏，因而得名。柏嶼構建數楹房舍，曠朗而靜謐，是讀書的理想之所。古柏不知栽於何年。

從鴻磬軒小院西門北行，有三層高閣，此為大慈悲閣，是吳亮母親禮佛之所。登臨此閣，「俯瞰城闉，萬井在下，平蕪遠樹，四望蒼莽無際」。

懷歸別墅、鴻磬軒、大慈悲閣皆位於止園東區同一中軸線上，院、堂、軒、閣，錯落有致。經鴻磬軒往西，由獅子座折回小島，即為止園中區，這裏有飛英棟、來青門、磬折溝諸景。飛英棟是止園栽培花卉之所，有詩云：「一春花事盡芳菲，開到荼蘼幾片飛。」飛英棟而西，有溝與東區相隔，此溝名磬折溝，溝上架有小橋，橋之前方為止園中區大門 —— 來青門。「來青」一詞取王安石「一水護田將綠繞，兩山排闥送青來」意，臨門四望，青翠萬狀，由園東顧，可見城東安陽、芳茂諸山，吳亮記曰：「芳茂、安陽，小山東峙，適當茲門，天日晴美，隱隱若送青來，取其意而已。」以上皆屬東區之範圍。

* 美國著名東方藝術研究學者高居翰先生

穿過來青門，便進入止園中區，園主將這裏稱之「中坻」。「中坻」原本為田野，吳亮在此鑿池堆山，與南岸構成一組山岡，栽桃數百株。吳亮好友馬之騏為《止園記》作序道：「隔岸夭桃，作花不減，元都千樹，紅香拂几，赤霞撲衣」，好一番世外桃源之景象。怪不得《光緒武進陽湖合志・古跡》將這裏誤記為桃園，桃園在東太平橋東門外，止園則在北太平橋北門外，閉門修志者，臆想而訛稱之。

「中坻」北端以松、竹、梧、柳作為屏障，池南則橫亙長廊，三折共為十二楹，取名清淺廊，梨雲樓介於南北二池之間，這裏是全園之中心。梨雲樓周圍栽有大片梅花，且是經年古梅。每當春早，月冷花寒，梅花似雪，獨傲枝頭，有梨雲之貌，吳亮故曰登樓可得全梅之勝。

「中坻」以西是止園西區，這裏建有華滋館、竹香庵、真止堂、坐止堂等。華滋館為二層三楹樓閣，左舍右軒，廣植芍藥百本，輔以紫茄、白芥、鴻薈、櫻粟等，兩翼長廊分別連接園門與小樓。修竹叢中有庵三楹，偏隅華滋館一側，曰竹香庵，取杜甫《詠竹》：「綠竹半含籜，新梢才出牆」「雨洗娟娟淨，風吹細細香」意。

華滋館坐北又有三堂，分別稱真止堂、坐止堂、清止堂。三止堂為園主的休憩之所，吳亮稱「至是吾園之勝窮，吾為園之事畢，而園之觀止矣」。三止堂後為止園北大門，緊臨北塘河，設置碼頭，有渡舟與對岸（下街）來往。

止園落成後，吳亮對園內景致一一賦詩描繪，如：

懷歸別墅（其二詩句）

千秋清議重，一夕主恩虛。

卜築聊開徑，怡然奉板輿。

桃塢

咫尺桃源可問津，牆頭紅樹擁殘春。

故園自有成蹊處，不學漁郎欲避秦。

來青門

茅檐長掃淨無苔，花木成畦手自栽。

一水護田將綠繞，兩山排闥送青來。

青羊石

真人紫氣出函關，千載青牛去弗還。

只有神羊鞭不動，化為白石鎮青山。

飛雲峰

疏峰抗高雲，雲陰莽迴互。

徘徊撫孤松，恍惚生煙霧。

梨雲樓（梅花九首和高太史韻，錄其一）

冰雪為姿玉作台，孤根偏向歲寒栽。

沉吟東閣詩難和，悵望南州信不來。

脂粉任教顰翠柳，香魂獨自傍蒼苔。

何郎欲問春消息，採取瓊枝幾處開。

特別珍貴並有歷史價值的是：吳亮去世三年後的天啟七年（1627），次子吳柔思延請姑蘇畫家張宏來常，在園按實景繪製20幅《止園圖》，形象生動地描繪了止園興盛時的場景。張宏在蘇州並不是一流的畫家，但根據美國高居翰先生與中國學者何勇分析，其受到西洋畫的影響，《止園圖》不僅寫實，而且運用了西洋畫的透視法，因此比較逼真，在照相術沒有發明之前，這一畫法具有一定現實意义。當代園林大師陳從周先生著《園綜》卷首所附14張圖例就來自張宏所繪《止園圖》，說明陳從周先生對此畫的推崇。遺憾的是當年陳從周並不知道止園在常州，更為可惜的是《止園圖》不知何時流失海外，至今分別收藏於美國洛杉磯藝術博物館、景元齋與德國柏林東方美術館。

止園是蘇州造園大師周廷策的傑作。周廷策，字一泉，蘇州人，大約生活於嘉靖、萬歷年間，著名疊石高手，史料稱其「江南一大家延請疊假山，每日束脩一金」。吳亮與周廷策為好友，有唱和之作。周廷策六十大壽時，吳亮曾作《周伯上六十》詩以賀壽。

周廷策父親周秉忠[1]也是疊石名家，曾為萬曆年太僕寺少卿徐泰時（按：范允臨岳父）營建蘇州寒碧山莊（又稱東園），即留園前身[2]。吳亮對周廷策的傑作頗為滿意，其在《止園記》

1 周秉忠，字時臣。精繪事，筆墨蒼秀，追蹤往哲。萬曆二十六年（1598）為湘南寫像。賦性巧慧，隆慶、萬曆間，至景德鎮造瓷，善於仿古。其疏泉疊石，尤能匠心獨運。

2 此園後由常州盛康所得。

中說：「凡此皆吳門周伯上所構。一丘一壑，自謂過之。微斯人誰與矣。」在吳亮看來，江南園林不能與周廷策所營止園相比。

天啟年間一個早春二月，吳柔思曾邀本邑鄭鄤、楊兆升等雅集止園。鄭鄤作《同楊升芝集吳德嘉止園，坐梨花雲亭，燈下看早梅即事一首》[1]：

來青門下尋春逸，春事遲遲芳信疾。
飛鳥時啣洛甫珠，寒雲暗鼓湘靈瑟。
幽清亦自耐繁華，一夜燈毬万樹花。
金谷風流添步障，玉簫聲度拂香車。
觥籌亂點不知巡，人共冰壺別有春。
歸去醉迷原上月，梨花雲繞夢中身。

吳柔思，字德嘉，吳亮次子；楊兆升，字升芝。鄭鄤、吳柔思、楊兆升三人既是武進同鄉，且為天啟二年同科進士。从詩中可以得知以下信息：其一，鄭鄤和楊兆升是應吳柔思邀請而到止園雅集的，主要是賞梅詩酬。其二，詩中所云「梨花雲亭」即梨雲樓，是常州一處難得的賞梅勝地。

介紹止園的同時，有必要澄清一事：常州一直有羅浮園之說，即吳兗在小南門外建蒹葭莊，吳襄在鳳翥橋畔建青山莊，吳亮在青山門外建羅浮園，至今有人依然說得振振有詞，有模有樣。理由是青山門外舊有羅武壩（蘿蔔壩），羅武壩即是羅浮園舊址。

1　錄于崇禎年間刻印八卷本《峚陽草堂詩集》卷二

其實，常州並沒有羅浮園，查閱地方文獻，不見半點文字記載，亦無相關詩文吟詠。筆者分析，所謂羅浮園就是止園梨雲樓的一處景色。《止園記》云：梨雲樓周，廣植梅花，營造「羅浮」之貌。記曰：「為吾邑一洗羅浮之恥……中樹梅亦已百計，皆取其幹老枝樛，可拱而把者。蒼苔鱗錯，綠竹叢映，古香寒色，時時襲巾裾而亂袍履。僅可當玄幕一席地，而以吾邑得之，將無疑詫雪山瓊島耶。梅間構樓三楹，曰梨雲，取坡公夢中語。」

根據以上記載與描述，邑人所傳的「羅浮園」就是止園中區一隅，或說止園梨雲樓景區。乾隆年間學者吳一諤[2]早就持有這一看法：「青山門東羅浮壩，止園當年種梅處，園廢，後俗稱蘿蔔壩。」吳一諤說得非常清楚：羅浮壩為止園當年種梅處，羅武壩由羅浮壩訛名而來。吳一諤為洗馬橋吳氏後人，其生活年代與吳亮歸隱止園年代雖相隔百年，吳一諤稱羅浮壩「為止園種梅處」，比今人詮釋更可靠。當年一生孤傲的吳亮，為洗吾邑無羅浮之恥，購得百株老梅，栽於梨雲樓四周，取蘇東坡「羅浮山下梅花村，玉雪為骨冰為魂」意，又賦詩多首以讚梅花：

千樹萬樹梅縱橫，亞雪凌寒混月明。
片玉玲瓏堝已遍，連珠點綴椿初成。

2 吳一諤（1736 － 1815），字毅庵，一字二安，南直隸常州府陽湖（今常州）人。擅詩詞，工篆刻，鬻其技以食。嘗自定《晚學軒詩稿》近三百首，後改為《陋軒集》。

又詩云：

盡道迷花不事君，酒徒歌伴長為群。
林間酣睡香狼籍，夢中喚作梨花雲。

園林部門今在羅武壩（北塘橋）以北闢建青山綠地，重栽梅花百株，又建廊榭洞門，重現當年「林間酣睡香狼籍，夢中喚作梨花雲」之景色。更可喜的是：北京林業大學按明代張宏所繪《止園圖》，以止園 1∶500 比例製成模型，在北京中國園林博物館永久性展出。而美國東方學者高居翰先生生前與清華大學黃曉、劉珊珊合著《不朽的林泉》，以「再現一座 17 世紀的中國園林」為題，將常州止園列為全書第一章，同時，黃曉、劉珊珊又出專著《消失的園林 —— 常州止園》。2018 年 12 月 8 日，北京林業大學與中國園林博物館聯合主辦「高居翰與止園」中美園林文化交流國際研討會，將常州止園研究推向高潮。

在規劃常州運河文化帶建設時，筆者曾將復建止園一事向市委書記汪泉呈書面報告，所提建議被引起高度重視，復建止園（或建遺址公園）有望提上議事日程。

明代吳亮《止園記》：

余性好園居，為園者屢矣。先大夫（吳中行）初治嘉樹園。稍東有園一區，為季父草創，余受而葺之，稱小園。已城東隅有白鶴園，先大夫命余徙業，於是棄小園。已先大夫即世，余復葺嘉樹園，於是棄白鶴園。已復棄嘉樹園而得茲園。園屢治而產銳且減，然又屢治屢棄而皆不為余有。

茲園在青山門外，與嘉樹園相望。盈盈一水，非葦杭則紆其塗可三里，故雖負郭而人跡罕及。依村闢園，有池、有山、有水、有竹、有亭館，皆犄具體而已。而歲久不葺，蕪穢傾圮，不可收拾。予又以奔走風塵，碌碌將十載。則茲園亦未嘗為余有也。頃從塞上掛冠歸，擬卜築荊溪萬山中，而以太宜人在堂，不得違咫尺，則捨茲園何適焉。於是一意葺之，以當市隱。而余性復好水，凡園中有隙地可藝蔬、沃土可種秫者，悉棄之以為洿池，故茲園獨以水勝。

開逕自南，園之門與關門遙遙相向，入門即為池，沿池而東，為橋五版。遞高而為台，可眺遠。稍北，復折而東，為曲橋，楣曰鶴梁。西折而為曲徑，又折而北，西向為斜橋。橋西為堂三楹，當水之北面，而又負山，巧石崚嶒，勢欲飛舞，堂乃在乎山水之間，曰懷歸別墅，將毋未念識余罪也。迤西為廊五楹，而窮於水，作石磴數級，曰青溪渡。隔水桃源，當有漁郎來問津耳。池中有灘曰數鴨，畜白鴨十餘頭游息其上。白鳥鶴鶴，每從曲橋渡而與之偕，此鶴梁所由名也。山右架石為門，由西稍折而北，徑旁綴石為欄，種木芍藥數本。徑中折，有石若伏猊，若樹屏，皆可紀。徑右折拾級而上，得石樑可登，陟山巔有松可撫。循東陔而下，得石峽。盤旋而西，復合前徑。徑窮而為籬，錦峰旁插，叢桂森列，有堂三楹曰水周。前見南山，山下有池蒔菡萏，四外皆水環之，故取楚騷語。

堂後有玉蘭、海桐、橙柏、雜樹，皆盤鬱。壘石為基，突兀而上，有軒三楹，曰鴻磐。磐上有青羊石，擊之鍧然，別有記。南樹兩峰，一象蟹螯，鐫王弇州絕句；一赭表而碧裏，如玉韞石中，予題曰「金玉其相」，後復枕池。躡石而下，若崖、若壁、若徑，備具苔蘚。一石孑然立，曰「介石」。折而東，得曲澗，履石焉而渡，曰「柏嶼」。古柏數十株，翠色可餐。石台層累作峠崿形，曰獅子座。凡此皆吳門周伯上所構。一丘一壑，自謂過之。微斯人，誰與矣。台址以北為土岡，植梨棗。沿池曲曲多芙蓉，秋深花盛開，望之若錦。巒岡上甃之文石為徑，從竹中入，有閣翼然。凡三重六面，其基崇文有咫，閣三丈有奇。俯瞰城闉，萬井在下，平蕪遠樹，四望莽蒼無際。閣虛其中，最上奉觀音大士，曰大士慈悲，實討宜人所皈禮者也。前後皆梧竹，有清樾。

一溝磐折環其北，徑右折，拾級而下，過石橋，為飛英棟。西沮水則前所云水周者，回環堂之四隅，而亦園東偏一長塹也。自西溝渡板橋為來青門，取王荊公語。吾邑無名山，芳茂、安陽，小山東峙，適當茲門，天日晴美，隱隱若送青來，取其意而已。

過門為中坻，所云「沃土可種秫」者也。居垣恒寤寐，玄墓之梅不可以勾股計，花發時香聞數十里，清人幽士每入山尋春，輪蹄之下，狼藉如雪。吾邑苦無梅，即有之，不盈畝。南郭播間，偶得數株，好事者輒稱梅園，狂走如鶩。東郭外有桃數畝，二三月間，遊人如蟻。然無奈沉湎之狼戾，惡少之摧折，正恐數年之後，無梅並無桃矣。余笑謂諸季，吾不難歲月損百斛釀，為吾邑一洗羅浮之恥，且延玄都一線乎。於是棄田而鑿池，池之土累而成岡，水之勝廣，而岡之崇幾與山埒；前池如矩，後池如規之半，岡橫亙而參分之。南樹桃數百，花時繁豔，即遠望足飽吾目；北植松竹梧柳，以障市氛；中樹梅亦已百計，皆取其幹老枝樛，可拱而把者。蒼苔鱗錯，綠竹叢映，古香寒色，時時襲巾裾而亂袍履。僅可當玄墓一席地，而以吾邑得之，將無疑詫雪山瓊島耶。梅間構樓三楹，曰「梨雲」，取坡公夢中語。前築平台二重，甃石為楯。一登樓無論得全梅之勝，而堞如櫛，濠如練，網如幕，帆檣往來，旁午如織，可盡收之。睥睨中台，復朗曠臨池，可作水月觀，宜月；而群卉高下，紛籍如錦繡，宜花；百雉千甍，與園之峰樹橫斜參列如積玉，宜雪；雨中春樹，濛濛茸茸，輕修乍飛，水紋如縠，宜雨；修篁琮琮，與閣鈴丁丁成韻，互答如拊石，宜風；左亦有崇岡，陟而南，可數百步，當東西兩水間，竹影波光，相為掩映。昔簡文入華林園曰：會心處不必在遠，翳然林水，便自有濠濮間想。從樓後循陔而東，為廊二十二楹，曰清淺。折而南，渡來青門，若長虹垂帶，又為廊二十楹，而窮於溝。溝宛轉與兩溪合，軒一楹跨其上，曰碧浪榜。畫棟迤邐，朱欄縈回，十步一曲，或起或伏，極窈窕之致。又南為小阜，高倍岡，結亭曰凌波。自亭左折而西，由竹徑入古綏山路，令人有玉洞真人之思。花間構小樓三楹，曰蒸霞檻。北負山，南臨大河，紅樹當前，流水在下，每誦太白「杳然」之句，真覺「別有天地非人間」矣，此中疧之概也。

自清淺廊而西，凡三折，為廊十二楹。折而西，為館三楹，曰華滋，取張曲江語。右軒左舍，南向曠然一廣除，分畦接畛，遍蒔芍藥百本，春深着花如錦帳，平鋪繡茵，橫展爛然盈目，客憑欄豔之，輒詑謂余此何必減季倫金谷，余謝而不敢當。其隙以紫茄、白芥、鴻薈、罌粟之屬輔之，則老圃之能事也。又西有池曰龍珠，三面距河，北帶溝水若抱，形如珠在龍頷下，想以此得到名。近浚外濠，遂塞水口，而積土且成阜，中多古木，木末有藤花下垂，春來斐亹可玩。余高其垣與水界，曰鹿柴，而畜群鹿於其中，求友鳴麑，或騰或倚，甡甡者亦將自忘其為柴矣。水上竹林修茂，構庵三楹，曰竹香。小山嶷然，古松倚之如蓋，一峰蒼秀，相傳為古廉石。庭前香櫞一株，秋實累累如綴金，名庵或取二義。然杜工部詠竹云：風吹細細香，則竹亦未嘗不香也。庵右小齋二楹，三面皆受竹，曰清籟。窗西襲龍珠之勝，時招麋鹿與之遊。余集塘句云：樹深時見鹿，藤旁曲垂蛇。可為此地寫照。庵後為堂，中三楹曰真止；東二楹在高蔭下，曰坐止；西二楹面竹，曰清止，左右以兩小樓翼之，斯亦棲息之隩區也。至是吾園之勝窮，吾為園之事畢，二園之觀止矣。因以「止」名園。園畝五十而贏，水得十之四，土石三之，廬舍二之，竹樹一之；而園之東垣，割平疇麗之，撤垣而為籬，可十五畝，則明農之初意而全園之概云。

園居士曰：今而後茲園庶幾為余有矣。定省之暇，水泛陸涉，郊坰之外，朝出暮還，撫孤松而浩歌，聆眾籟以舒嘯，荊扉常掩，俗軌不至，良朋間集，濁醪自傾，而又摘紫房，掛赤鯉以佐之。客有談時事及世諦語則浮以大白。時而安神閨房，寓目圖史，味老氏之止足，希莊叟之逍遙，而閒居如潘岳則慈顏和，獨步如袁粲則幽情暢，昌言如仲長統則凌霄漢，高臥如陶靖節傲羲皇。園居之事殊未可一二數也。雖然，又恐余之不為茲園有也。夫世故不乏蹈引之士，慷慨遺榮巖穴驕語者，未幾而熱中膻途，攖情好爵，坐書空而咄咄，出載質而皇皇，外寂中喧，先貞後黷，將使嶽嘲隴笑，毋寧為草堂辱耶。余自今與茲園盟：有如土不肥，泉不冽，花不鄂，竹不苞，鶴不抱卵，猿不報時，禽魚不來親人，園任之。不然者，罰以金谷，鞠為茂草，如或焚芰裂荷，誘松欺桂，石無漱，流無枕，鶴無友，鹿無群，白雲無侶，風月無主，余任之。不然者請移文如鍾山故事，甘謝逋客，夫然後茲園為余有，余亦為茲園有。兩相有而兩不相負，過軸弗諼，丘壑長保，無煩捉鼻，若將終身悠哉，遊哉，雖有他樂，吾不與易矣。而又烏知夫雞肋之戀，蝸角之爭，腐鼠之足嚇我耶。蓋嘗讀淵明止酒詩，其言止者，非一，要其指曰：「始覺止為善，今朝真止矣。」此余所為真止名吾堂，而並其名吾園之意也。

天得園

鶯篁花徑外，鶴圃水中央

天得園為邑中吳氏園林之一，據北渠吳氏後人吳君貽介紹，天得園可能為吳性子孫毗鄰城隅草堂新闢的園林，園主人疑是吳性之子吳尚行或吳可行。

有明一代，北渠吳氏[1]在常相繼營建天得園、天真園、白鶴園、東第園、青山莊、蒹葭莊、來鶴莊、嘉樹園、綠園、止園、小園、素園等，園林小則數畝，大則數十畝，甚至逾百畝，天得園屬前者，大概在 20 畝左右。

吳尚行（生卒待考），字子敏，號循庵。育有二子：長子宗奎，次子宗本。吳宗奎，字明于，號聚所。萬曆辛未舉人。吳宗奎子吳方思，號藝堪，崇禎癸酉舉人，庚辰（1640）進士。授四川潼川州知州，任戶部冊庫司員外郎。

關於天得園，地方舊志記載不詳，清《武進陽湖志餘·古跡》:「天得園位於城廂之東南，水面甚廣。」除《武陽志餘》上述寥寥數語，不見其他更多的信息。查閱鄉邑相

1　又稱洗馬橋吳氏。

關資料，也一無所獲，故難確定此園的準確方位。但按《武陽志餘》「城廂之東南，水面甚廣」的記載分析，天得園可能位於德安門內的關刀河畔。有清一代，武進、陽湖同治一城，全城分為城一廂、城二廂、西右廂、河南廂、左廂、東右廂、中右廂，「城廂之東南」即椿桂坊至德安門內的河南廂東部地區。關刀河為月牙形長河，依大南門城牆而展開，東西長，南北寬，當年水面在百畝左右，因河道形似關公大刀而得名，至今仍保留一泓水面，偏隅在靜觀禪院（孫家庵）前，不過面積不足原來的十分之一。

另見明中邑人白悅《訪白室吳子於天得園》詩：

言尋吳季子，忽浸到南塘。
錯錦荼蘼架，連雲枳棘牆。
鶯篁花徑外，鶴圃水中央。
小艇乘新月，沿迴與轉長。

白悅生活於明代嘉靖年間，說明天得園在此前已存。白悅詩言「忽浸到南塘」之南塘是指關刀河，如按此說，那麼天得園就位於城廂東南關刀河畔。又查《武進陽湖營建輿地全圖．河南廂圖》：關刀河東有南園，位於紫陽館與關刀河之間，那麼，南園極可能是天得園的別稱，如吳氏嘉樹園後稱西園一樣。在《常州名園錄》南園一文，筆者曾提到此園，疑是徐壏留瓠堂舊址，清《康熙常州府志》說「留瓠堂在武進縣德安門內，明天順間徐壏所居」。留瓠堂（南園）建於明代早期，天得園建於明代中後期，會不會有這種可能：百年之後的南園已歸吳氏所有，並改名天得園。中國歷史上私家園林屢屢易主，司空見慣，蘇州留園先後就經歷了十餘位主人，晚清時常州盛康就是其中一位。白悅所云「言尋吳季子」，並非所指常州人文始祖季子，而指吳性第三子吳尚行。吳性生有六個兒子，除長、次二子吳讓、吳誠幼喪外，還有可行、中行、尚行、同行四兄弟。白悅與吳性生活在同一年代，吳、白二氏又為常郡望族，免不了有文宴之交。

可行、中行、尚行、同行四兄弟及子孫祖居白雲溪洗馬橋，而在城外皆構別業。有一重要信息值得研究：湯健業[1]撰《毗陵見聞錄》，書中曾有這樣一段記載：「郡城內有名園四：城東北隅為楊園，北郊為青山莊，小南門外為蒹葭、來鶴莊，皆前明北渠吳氏別墅。」青山莊在北郊鳳翥橋，吳襄所建；蒹葭莊在南郊白蕩湖，吳兗所構；據考，來鶴莊並不在小南門外，而是在小北門外青墩，二園南轅北轍。吳尚行生活於明嘉靖年間，湯健業生活於清乾嘉年間，之間相隔200年，湯氏《毗陵見聞錄》可能將大南門內天得園之鶴圃誤為來鶴莊。

天得園以水見長，別墅置以水域之側。水中有洲，營為鶴圃；小島無橋，僅有小舟可以登岸。園主又以荼蘼（薔薇科植

1 湯健業（1732 － 1798），字時偕，號蒔芥，武進監生，歷署西川諸縣，因從征廓爾喀「大計卓異」升巴州知州，旋升署石柱直隸同知，後歷任南充知縣、加署嘉定府通判仍署石柱廳，並川西井研等州縣鹽務督捕事務（鹽官兼捕官）。有《毗陵見聞錄》傳世。

物）作架，以枳棘為牆，冬去春來，繁花似錦，枝葉連雲。鶯呼於林，如同笙簧；香溢於架，若似美泉。花徑曲折，可以通幽；南塘寬闊，可以蕩舟。詩中雖無池館之描寫，也無亭台之敍述，但園中夏秋柳蔭、四時花香，足以使人心曠神怡。有意思的是，北渠吳氏一族，多與白鶴為伴：吳中行在小北門營建白鶴園，吳尚行在大南門天得園營建鶴圃，吳玉衡、吳玉銘兄弟在豐西鄉青墩營建來鶴莊，吳奕在小園亦養鶴。

白悅詩云「鶯篁花徑外，鶴圃水中央」，天得園鶴圃與眾不同，他人蓄鶴往往圈養於苑，而尚行鶴圃建在水之中央。黃鶯鳴於花徑，白鶴舞於水洲，或放鶴，或招鶴，主人與鶴共舞，悠然自得，此方林泉可謂天得之園。

後考洗馬橋吳氏遷祖吳性家史，吳性長子吳誠夭折，吳性十分悲痛，曾作《悼兒》詩：「泫然大柳悲元子，適爾兒童訝季真。魂喪後歸千歲鶴，草堂先保百年身。」愛子去世後，吳性一直認為吳誠並沒有離開這個世界，而是化為千歲白鶴，永遠陪伴自己，故此，吳氏林泉多養白鶴，以鶴名園名圃。

遺憾的是，天得園與其他吳氏林泉一樣，在清代中葉已圮廢，《光緒武進陽湖合志．古跡》因此不作記載，僅有《光緒武陽志餘》將其列為無考古跡，僅錄「天得園位於城南南塘，已廢」11 字。

東第園

掇石而高，搜土而下

東第園位於常州東門內直街西獅子巷[1]，為明季士子吳元宅第。此園是明代姑蘇造園大師計成的處女作，堪稱江南園林之範本。

吳元（1565－1625），譜名吳宗玄，字又于，萬曆二十六年（1598）進士，曾任湖州府學教授，刑部廣西司、貴州司、浙江司，歷守東昌、嚴州兩府，巡守嶺東、河北兩道，升湖廣、江西參政，分守饒南九江道等。吳玄《率道人集自序》自稱「延陵吳玄又于」。著《率道人集》若干卷，現殘存明末刻本7卷，藏於北京國家圖書館。吳元與吳亮雖為兄弟，二人政治傾向卻迥異，《明史．吳中行傳》卷二二九：「亮尚志節，與顧憲成諸人善。而元深疾東林，所輯《吾徵錄》，詆毀不遺力。兄弟異趣如此。」

東第園前身為元代集慶軍節度使溫國罕達在常州的舊園，佔地15畝。舊園前臨，後近池，東望通吳門，西

1　今建設銀行營業部大樓後。

眺玉梅河，風光極佳。至明中，此園已廢，由吳元購得舊地，在此重新營建「東第」。此園為何稱東第？《漢書・司馬相如傳下》：「故有剖符之封，析圭而爵，位為通侯，居列東第。」顏師古注：「東第，甲宅也。居帝城之東，故曰東第也。」是指王侯府第。

常州並非帝城，亦非古都，吳元之東第，實際上指位居東門的宅第，僅是甲宅而已。吳元取名東第可能還有一層意思：父親吳中行居小北門外西園（嘉樹園），相距東第二里許，由於東第園在嘉樹園東，吳元故以「東第」名額。

江南縉紳宅第，歷來宅園築於一體，尤其學高道深的隱士，更喜引「山水」於園，構廊軒於宅，身處鬧市，心繫山林，不失自然雅趣。天啟三年（1623），吳元延請蘇州計成，仿司馬溫公在洛陽獨樂園形制設計，亦是計成承建的第一項園林工程，又經匠人精心營構，不失為江南園林之精品。

由於東第園在清中已經淪為廢墟，又無圖籍可以參考，僅參考司馬獨樂園制與計成《園冶自序》略知一二：計成言「東第園仿洛陽獨樂制」，將地一分為二，劈為兩半，10 畝構建宅第，5 畝營建林泉。

獨樂園佔地 20 畝，比東第園多 5 畝，但園林部分亦為 5 畝，二者相等。洛陽獨樂園主人不是別人，就是家喻戶曉的「司馬光砸缸」故事主人公 —— 司馬光。司馬光生活於北宋後期，官至相位，去世後追贈溫國公，謚号「文正」。蘇軾《司馬君實獨樂園》詩云：

青山在屋上，流水在屋下。
中有五畝園，花竹秀而野。
花香襲杖屨，竹色侵杯斗。
樽酒樂餘春，棋局消長夏。
洛陽古多士，風俗尤爾雅。
先生臥不出，冠蓋傾洛社。
雖云與眾樂，中有獨樂者。
…… ……

北宋文學家李格非《洛陽名園記》[1]：「司馬溫公在洛陽，自號迂叟，謂其園曰獨樂園，園卑小，不可與它園班。其曰讀書堂者，數十椽屋；澆花亭者益小；弄水、種竹軒者尤小；曰見山台者高不逾尋丈；曰釣魚庵、曰采藥圃者，又特結竹杪落蕃蔓草為之爾。溫公自為之序，諸亭、台詩頗行於世。所以為人欣慕者，不在於園耳。」

獨樂園有讀書堂、澆花亭、釣魚庵、采藥圃、弄水軒、種竹軒、見山台等。司馬林泉以水池為中心，建築南北展開，堂北有水池，池中有島，島上植竹，其他景物環列，周邊配置花卉、嘉木。計成參考獨樂園形制，充分利用地形，因勢利導，高處盡其所高，低處窮以所深。

1 李格非，李清照之父，《宋史．李格非傳》云：「嘗著《洛陽名園記》，謂洛陽之盛衰，天下治亂之候也。」《洛陽名園記》是有關北宋私家園林的一篇重要文獻，對所記諸園的總體佈局以及山池、花木、建築所構成的園林景觀描寫具體而翔實，所記諸園可視為北宋中原私家園林的代表。

計成發現溫國罕達在常舊園地勢亦高，水池也深，還有數株前朝遺存的高大喬木，虬枝低垂，枝繁葉茂，大可合抱，覺得是非常好的造園素材，於是因地制宜，利用原有地形，以疊石顯地勢更高，浚曲池使水更深，而古木自然錯落，樹冠成蔭，盤根錯節，使一方城市園林頗有山林之貌。山水之間，又建亭台樓閣，錯落有致，倒影池中，宛入詩境，又具畫意。東第園落成，計成十分滿意，並將這一得意之作寫入《園冶》自序中。

汪士衡是慕名邀請計成造園的第二人。計成《園冶自序》稱:「時汪士衡中翰，延予鑾江西築。」康熙五十七年《儀真縣志》卷二《名跡》載:「西園在新濟橋，中書汪機置。園內高巖曲水，極亭台之勝，名公題詠甚多。」汪機即汪士衡。計成在為汪士衡建造寤園的同時，利用閒暇時間撰寫《園牧》一書，此書受到曹元甫與阮大鋮賞識，曹元甫為《園牧》改名《園冶》，阮大鋮則帮助計成付梓。可以這樣認為，常州東第園為計成《園冶》奠定了基礎，而《園冶》又使東第園聞名於世。

計成（1582－？），字無否，號杪否道人，苏州吳江人，後移居鎮江。早年學畫，工山水，喜吟詩。由於多才多藝，故而促成了他在造園方面的傑出成就。其早年優遊於經史子集間，年輕時又遊歷大江南北，愛好搜奇，中年時家境衰落，一生艱辛坎坷。《園冶》是計成園林營建方面的重要著作，影響海內外。計成除在常州營建吳氏東第園外，還營造儀徵汪士衡寤園、揚州鄭元勳影園等。

清初，東第園已廢。嘉慶年間，常州洪亮吉恩師、湖廣總督畢沅[1]購得廢園，將此地贈予發配新疆後返鄉的洪氏，亮吉請同里戈裕良闢為西圃，準備在此度過餘生。

東第園故事到此並未終結，常州今在城西朱夏墅附近建設中吳賓館，工程名稱：皇糧浜地塊改造項目；標段名稱：皇糧浜地塊改造項目東第園工程；建設單位：常州市晉陵投資集團有限公司。

據了解，賓館內部新建園林，取名東第園。建設單位稱按計成當年《園冶》序中所言「第宜掇石而高，且宜搜土而下，令喬木參差山腰，蟠根嵌石，宛若畫意；依水而上，構亭台錯落池面，篆壑飛廊，想出意外」之要求，復建東第園。至今東第新園建成後又改名中吳園，不知何因？筆者也曾多次造訪，假山曲池、亭台樓閣，一應俱勝，規模大於當年。至於樓榭亭台之佈局、掇山理水之藝術，待人評說。

明代計成《園冶・序》云：

> 不佞少以繪名，性好搜奇，最喜關仝、荊浩筆意，每宗之。遊燕及楚，中歲歸吳，擇居潤州。環潤皆佳山水，

---

1 畢沅（1730 — 1797），字纕蘅，亦字秋帆，自號靈巖山人。南直隸太倉人。乾隆二十五年（1760）狀元及第，授翰林院編修，官至河南巡撫、湖廣總督。卒，贈太子太保，賜祭葬。死後二年，因案牽連，被抄家，革世職。畢沅於經史、小學、金石、地理之學，无所不通，續司馬光書，成《續資治通鑑》，著《傳經表》《經典辨正》《靈巖山人詩文集》等。

潤之好事者，取石巧者置竹木間為假山；予偶觀之，為發一笑。或問曰：「何笑？」予曰：「世所聞有真斯有假，胡不假真山形，而假迎勾芒者之拳磊乎？」或曰：「君能之乎？」遂偶為成「壁」，睹觀者俱稱：「儼然佳山也。」遂播聞於遠近。

適晉陵方伯吳又于公聞而招之。公得基於城東，乃元朝溫相故園，僅十五畝。公示予曰：「斯十畝為宅，餘五畝，可效司馬溫公『獨樂』制。」予觀其基形最高，而窮其源最深，喬木參天，虬枝拂地。予曰：「此制不第，宜掇石而高，且宜搜土而下，合喬木參差山腰，蟠根嵌石，宛若畫意；依水而上，構亭台錯落池面，篆壑飛廊，想出意外。」落成，公喜曰：「從進而出，計步僅四百，自得謂江南之勝，惟吾獨收矣。」別有小築，片山斗室，予胸中所蘊奇，亦覺發抒略盡，益復自喜。

時汪士衡中翰，延予鑾江西築，似為合志，與又于公所構，並騁南北江焉。暇草式所制，名《園牧》爾。姑孰曹元甫先生遊於茲，主人皆予盤桓信宿。先生稱讚不已，以為荊關之繪也，何能成於筆底？予遂出其式視先生。先生曰：「斯千古未聞見者，何以云『牧』？斯乃君之開闢，改之曰『冶』可矣。」

時崇禎辛未之秋，杪否道人暇於扈冶堂中題。

蒹葭莊

更覺浮雲水上多

「蒹葭蒼蒼，白露為霜。所謂伊人，在水一方。」此為先秦時期《詩經．國風．蒹葭》之名句。常州郊野舊有山莊，以蒹葭名之，曰蒹葭莊，自稱伊人所，主人為明代邑人吳中行子吳兗（行六）。據清《嘉慶宜興縣志》載，閘口北渠亦有蒹葭莊，由吳兗父親吳中行建，志曰：「在水庵，明吳學士中行別業，本名蒹葭莊。中行劾江陵奪情，後居此，復召後舍為庵。按：中行子孝廉兗，復移莊額以名其別墅，在郡城南門外茶山。」按此記載，宜興蒹葭莊在前，常州蒹葭莊在後。

蒹葭莊又名茶山草堂，位於廣化門外五里三橋頭白蕩。清《光緒武進陽湖合志．古跡》：「蒹葭莊在陽湖定安西鄉三橋南，吳孝廉兗別業，即披裘翁不拾遺金處也，今廢。」《光緒武陽志餘．古跡》：「蒹葭莊即茶山草堂，在三橋南，明吳孝廉宗兗別業，即披裘公不拾遺金處也。園里許，有某氏塋，松楸鬱然。子孤貧，欲斫為薪。宗兗曰：此園外景也。如其值，存之。有茶山披裘公祠、綠蓑庵、白蕩、芙蓉城、明月廊、雲外堂、梅花閣、學穡樓、小歇處、茶山草堂、自度庵諸勝。」乾隆年間，吳龍見《將進酒》詩云：「毗陵郭外東風柳，灑潁褒斜行路難。何似柴桑杯在手，茶山高尚隱城南。生與披裘共一龕，滄洲胸中幻邱壑。」

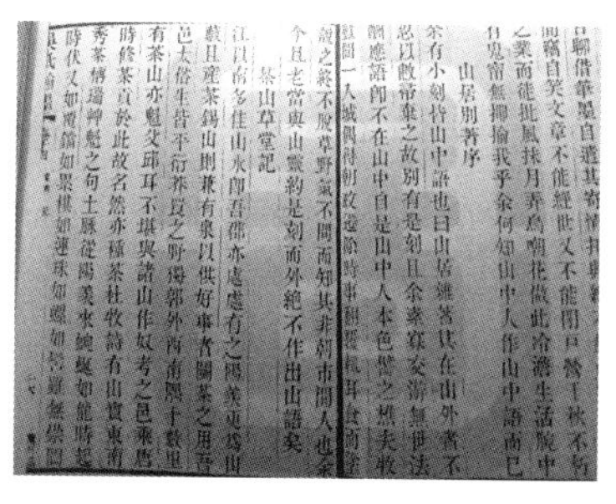
日聊借筆墨自遣其寄情托興不越[illegible]
間竊自笑文章不能經世又不能閉戶營千秋不朽
之業而徒批風抹月弄鳥嘲花做此冷澹生活腕中
有鬼甯無揶揄我乎余何知山中人作山中語而已
山居別著序
茶有小刻皆山中語也曰山居雜著其在山外者不
忍以敝帚棄之故別有是刻且余素寡交游無世法
酬應語即不在山中自是山中人本色譬之樵夫牧
豎閭一入城偶得朝政邊陲時事[illegible]
競之終不脫草野氣不問而知其非朝市間人也余
今且老當與山靈約是刻而外絕不作出山語矣
茶山草堂記
江以南多佳山水即吾郡亦處處有之陽羨東爲山
藪且產茶錫山則兼有泉以供好事者關茶之用吾
邑太僻半皆平衍并岡之野獨郭外西南隅十數里
有茶山亦魁父邱耳不堪與諸山作奴考之邑乘唐
時修茶貢於此故名然亦種茶杜牧詩有山實東南
秀茶稱瑞艸魁之句土脈從陽羨來蜿蜒如龍時起
時伏又如[illegible]如累棋如連珠如[illegible]無崇岡

＊《茶山草堂記》影印件

吳兗與兄吳元、吳亮、吳襄一樣，平生喜林泉。而常城近郊既無山亦無嶺，僅有小南門外連綿土阜，因唐代常州郡守修陽羨貢茶經於此，故稱茶山。吳兗於是購得茶山白蕩湖畔百餘畝土地，營建林泉，稱之山莊。吳兗《山居雜著》自序曰：「余養痾茶山，平日交遊嗜好，一切屏絕，寂寞無以送日，聊借筆墨自遣。其寄情託興，不越此階除、籬落間。竊自笑文章不能經世，又不能閉戶營千秋不朽之業，而徒批風、抹月，弄鳥、嘲花，做此冷澹生活。腕中有鬼，寧無揶揄我乎？余何知山中人作山中語而已。」《披裘公祠記》又曰：「嘗聞居山易，友山難。故鄰靡二仲，昔人所恨。予草堂在茶山中，厭俗客，又畏生客，客亦不至，一二比舍，無足與談者，不得已訂交於花竹山石之間，題其居曰七者山寮。」吳兗所言披裘公，即春秋時期

「路不拾遺」者，延陵季子視其為高士，後人在此建披裘公祠。

吳兗（1573－1643），譜名宗兗，字魯于，號詹所，又號綠蓑翁、茶山樵者，常州武進人，萬曆庚子（1600）舉人。後淡於仕進，好詩歌，博古文。萬曆四十年（1612），築蒹葭莊於白蕩湖畔，莊名取《詩經》「蒹葭蒼蒼，白露為霜」意，吳兗在此蒔花賦詩，終老其中。曾自《題塑像》曰：「余結釣庵，既以綠蓑名之，因自號綠蓑翁……吾生自煙波，叟人問姓名，懶開口。」著《山居雜著》《山居別著》《家居集》《山居詞》等。

關於茶山草堂，《光緒武進陽湖合志・隱逸傳》亦有記載：吳兗「家世煊赫，獨淡於仕進。卜築茶山路，名蒹葭莊。茶山路即披裘公不拾遺金處也。去莊里許，有某氏塋，松楸鬱然，子孤貧，欲斫為薪，兗如其值存之，甃茶山石路，以利陟。年五十三，自為棺，外悅大歙龕，鐫銘其上。幅巾羽扇，與農夫牧豎話桑麻，量晴雨為樂。」

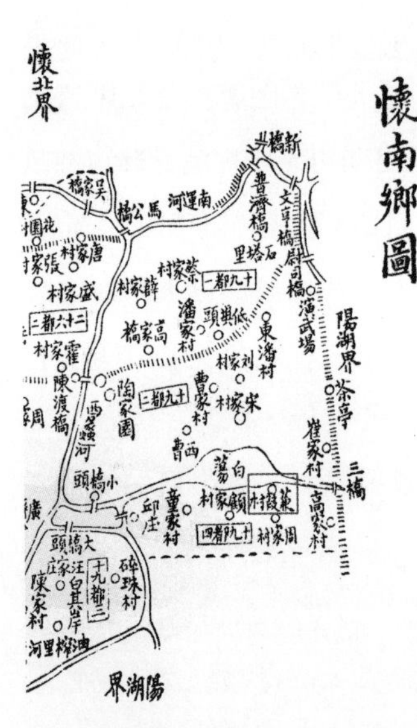

＊ 蒹葭莊所在位置

蒹葭莊借茶山一隅，又融白蕩之水引於園，湖光山色，盡收園中。吳兗有詩這樣描寫當年的白蕩湖：「秋光万頃水面平，何人不動庾樓情？影隨烏鵲浮空渡，魄抱驪龍澈底清。白蕩近看青靄散，碧天遙借綠雲迎……」

山不在高，卻因湖常茶道經此，以二州境會而出名；水不在深，卻也泱泱百頃，波光瀲灩，自然成趣。考邑乘（方志），唐代曾修茶貢境會於此，故名茶山。

茶山實非山，而為土阜，蜿蜒如龍，時起時伏，如覆鐺，如累棋，如連珠，如螺，如髻，雖無崇崗峻嶺，又以負郭取勝。

白蕩廣百頃，水清洌，藻荇交橫。吳兗在此築堤蓄水，溝水環之，延袤里許。又在草堂一側建築工事，形成石窟，雨水淙淙注入，急流而下，形成瀑布。

吳兗又移宜興山松，植於園內，插棘為藩，截柴為門，竹樹為障，並構堂三楹於其間，題曰茶山草堂。莊主仿效唐人陸龜蒙[1]，在茶山經營茶園，歲入茶租，自為品第，又嗜茶於舍，以了此山無茶之憾。长兄吳亮為吳兗作《園居十六首》，萬曆四十七年已未（1619），吳兗和答《園居十六首》，款落：「已未夏日，和采于兄《園居》十六首錄呈郢正，茶山樵者弟兗具草。」現錄其八：

一

為卜南山宅，悠然賞可敦。
傍松迂作徑，插棘漸成門。

1 陸龜蒙（？－881），字魯望，號天隨子、江湖散人、甫里先生，長洲（今蘇州）人。農學家、文學家、道家學者，曾任湖州、蘇州刺史幕僚。隱居武進雪堰茶巢嶺，在山種茶。著《甫里先生文集》等。

已悟知希貴，應知養拙尊。
田家有月令，別自一乾坤。

二

出郭从吾癖，兼之病更宜。
花神邀問詢，酒伴失追隨。
耳靜蟬猶沸，心閒鶴自遲。
一丘今已定，時至不許期。

三

冥鴻天外遠，世網詎能羅。
桂樹青山小，蒹葭白露多。
漫酬招隱賦，聊誦考槃薖。
絲竹年來廢，何妨獨寤歌？

四

何氏漸充隱？居然佔小山！
閒看修竹賦，漫學釣魚灣。
白蕩再荷去，黃山載石還。
也知太多事，幽事不須刪。

五

住山還負郭，適趣自寰中。
驢背三橋雪，溪頭一棹風。
量慳時得醉，語俗不妨聾。
遠志吾何有？依依竹筱東。

六

處處題曾遍，茶山許借名。

曲廊留月色，高閣度慳聲。

牆缺山可補，天空水自明。

閒編花事史，吾亦擅詮評。

七

偶出門前去，翻泛墓上來。

無絃堪寫怨，有賦尚銜哀。

卜地還中谷，占星自上台。

為園多暇日，封樹闢蒿萊。

八

亦有名山興，其如老至何？

鷗盟常結社，蟻鬥且休戈。

閒地城中少，清風林下多。

偶賡芳草白，聊當竹枝歌。

吳兗還作《漁歌子・蒹葭莊》詞：

千頃蒹葭一釣翁，家居南浦小橋東。

桃花水，鯉魚風，短笛橫吹細雨中。

作者自比釣翁，與山水和千頃蒹葭共親；吹短笛與波語雨吟的天籟之音相和。詞作所表現出的清俊淡雅、灑脫無羈的情懷，恬然忘機、超然物外的逸趣，超塵拔俗的品格，躍然紙上。鄒祗謨在《遠志齋詞衷・補遺》中這樣稱道：「吳魯于孝廉能詩善書，築墅南郭，盡泉池澗石亭台花竹之勝。小詞瀟灑絕俗，自比稼軒。」

吳襄與吳兗兄弟二人，寓所一南一北，相隔廿里之遙，吳襄身處青山莊，吳兗安居蒹葭莊，往來密切，又常常以詩抒發情懷，議論時政。吳襄《題服于弟伊人所一首》跋[1]云：「先大人營菟於西滆湖，題曰蒹葭莊、伊人所，今且廢額猶在也。余輿服于弟同時卜築在負郭十里間，即以舊額分署之，弟更題詩志。感余亦依韻囑和青山之宅甫成，曰白雲之舍，安在陸氏東西屋。雖居水一方，何家大小山莫謂野無同志，偶庚春草之句，轉增風雨之思，肯構未來能言詩，豈敢四十菟裘，計未采芝餌術可忘饑。濁流皆是滔滔者。」吳襄所言是指父親吳中行在宜興北渠構築的湖畔別業，吳兗繼承父志，將常州城南別業亦名蒹葭莊。吳襄詩曰：

白露悠然湛湛斯，萬頃寒雲湖上棹。
一塘春草夢中詩，眼前風景依稀在。
漫倚蒹葭賦黍離，青山門外白鷺洲。
身比甌閒鎮日留，一曲可纓足數間。
非屋亦非舟居然，此地堪逃世宛在。
伊人欲南君自北，霜蒹煙草一般秋。

1　吳襄、吳兗詩跋載於《北渠吳氏宗譜・翰墨志》。

吳兗《上于弟即山齋和韻》：

幾朵芙蓉屋裏藏，翛然清興引能長。
謀生方笑千頭橘，逢世寧歌十畝桑。
荀令芳香時入座，梅妃疏影夜登牆。
菟裘謾學青門隱，漢署能容曼倩狂？

吳亮與吳兗也常在蒹葭莊飲酒賦詩，吳亮《和魯于弟蒹葭莊二首》（其一）云：

三徑初開結四阿，閒情暫許寄青蘿。
亦知塵事林中少，更覺浮雲水上多。
我已無心乘衞鶴，君寧有意鬥桓鵝。
北園載酒南園醉，弟倡兄酬發浩歌。

又作《題魯于弟亦笑軒四首》（其一）：

以爾開軒意，因知翫世心。
琅玕扶秀色，鸑鳳發清音。
十里茶山路，千秋竹樹林。
清風如可挹，相對一披襟。

吳兗七十大寿時，姑蘇画家羅君歷曾繪《蒹葭莊圖》20 幅以賀。聯想吳亮止園，其子柔思曾請蘇州張宏按實景描繪《止園圖》20 幅，《蒹葭莊圖》同樣是 20 幅，此等巧事發生在吳氏兄弟之間。遺憾的是，《蒹葭莊圖》冊至今不知去向。幸好，吳元次子吳我思為 20 幅《蒹葭莊圖》逐一題詩。詩有小序：「壬午小春，叔父七旬初度，侄男我思偕眾思、宇思、宙思、世思輩謀介眉壽。顧非可以世俗之壽，壽者且佐觴之具，業已先期謝絕，即鳌祝有心，奈敬將無計，伏念小歇草中，諸什一如輞川故事。雖詩中原自有畫所至，尚未成圖，特懇姑蘇羅君歷繪山莊諸景得二十葉，凡一圖為和一絕，縱畫未能傳神，而詩徒供捧腹，但借叔父所自有者以壽，叔父似非套詞縟節者，此或不在概擯却之列乎？至園中點綴頻更，名勝未盡者，俟期耋之慶，耆社遞續，斯圖亦可加廣也。」詩曰：

古茶山路

山名昔所留，勝跡今為鋪。

籍慈甃路人，聲施足千古。

小歇處

是處係獨無，能歇良非小。

識得此關頭，在擾亦不擾。

學稼樓

知彼小人依，勝居民上者。

坐茲百尺樓，誰堪置床下？

茶山草堂

但得廬同趣，何須不種秔。

山今還本色，堂豈借虛名。

梅花閣

雖憑造花功，亦籍栽培力。

不是貌仙姑，誰堪主斯國。

水香口

未見横影斜，先聞浮香動。

流來脂粉膩，魂夢鎖仙郎。

替舟閣

建閣非緣陸，乘舟不入流。

當如杜工部，詠替客槎浮。

亦笑軒

每來此軒中，相視心相昭。

遇彼肉食倫，讓君成獨笑。

自度庵

識得西來意，度人先度己。

庵前半月影，印度真無異。

明月廊

海闊天空處，偏宜月下過。

還嫌風雨夕，月到亦無多。

丘壑間

碩人寛且邁，一丘與一壑。

原自具胸中，卷勺俱堪樂。

披裘公祠

漁樵為兩人，尚非知己者。

披裘與綠蓑，前身後身也。

綠蓑庵

蒙茸若披裘，苔莎如帶笠。

風雨不須歸，勝踏孤舟立。

釀花村

點綴村莊景，意原不在酒。

試問看花人，能無沽飲否？

小蒹葭莊

蒹葭秋誰濱，恍與滆湖親。

大小寧殊道，高風善繼人。

雲外堂

誰令天上香，結作人間靄。

香已在堂中，堂疑在雲外。

祝雞園

吐綬耀晴光，呼名不亂行。

銜來月中寶，盡飄雲香外。

芙蓉城

殊非市上城，亦豈山中郭。
秋水映芙蓉，詢是仙家樂。

錦雲渡

仙子新妝豔，凌波不用舟。
天孫雲錦緞，浣螺蜀江頭。

萬松巔

山頂密栽松，多如千畝韭。
亭間龐皓仙，憩寂月中有。

從《題畫絕句二十首》詩可知，蒹葭莊當年景致遠非《武陽志餘・古跡》所載十餘處，而有二十處之多。文人墨客常常遊憩於莊，留下許多即興詩篇，如明末狀元楊廷鑒[1]有《蒹葭莊》詩：

平泉台榭枕巖阿，此日何人載酒過？
三徑落花唬鳥寂，一湖秋水夕陽多。
漁家破網張紅蓼，野店疏簾掛綠蘿。
我欲溯洄人不見，隔山愁聽採茶歌。

1 楊廷鑒（1603 – 1665），字冰如，號靜山，南直隸常州武進（今常州）人。崇禎十六年（1643）癸未科狀元。為人輕財好施，樂善不倦。明朝滅亡後，匍匐三千里，艱險備嘗，九死一生，屏息鄉居。

清初邑人董以寧[1]作《蒹葭莊看梅》二首：

一

茶山曲徑遠聞香；柳弄新晴半欲黃。
有約翻嫌前度早，重來卻憶少年狂。
寒花久待遊人屐，芳榭遙鄰牧馬場。
指點園林無限思，幾回蕭瑟對斜陽。

二

百年時序總關心，眼見飛花更不禁。
石尉古園珠欲墮，銀林舊路草全侵。
卜鄰漫擬郊居賦，望遠誰傳驛使音。
相對蒼茫吾爾在，側身天地自高吟。

值得稱道的是，吳兗與兄吳亮一樣，蒹葭莊不僅以白蕩蒹葭為勝，又以百本古梅為奇，梅樁自陽羨山中移至，同樣形成羅浮之貌。

清康熙二年（1663）三月，南明兵部侍郎李長祥曾隱匿桃園。常州府通判謝良琦與其同鄉，邀李長祥同遊蒹葭莊，謝良琦作《蒹葭莊看梅記》：「園雖荒蕪零散，跡其規模次第，猶堪想見其盛時。過小橋，沿流而東，梅影參差，或倚崖，或臨水，花蘂繽紛錯落。」

1　董以寧（1629 － 1669），字文友，常州武進人。性豪邁慷慨，喜交遊，重然諾。少明敏，為古文詩歌數十萬言，尤工填詞，聲譽蔚然。同里結國儀社，委以啟箚。與鄒祗謨齊名，時稱「鄒董」。

吳兗離世後，山莊由子孫繼承。子孫不肖，不務正業，負債累累，十餘年後山莊抵債於人。得園者雖為邑中富豪，並不喜園，得蒹葭莊後，僅是派人看守，主人並未生活其中。看園者見莊主不思經營，便在園中放羊牧牛，久而久之，一方名園，至清初已經敗落。

清《光緒武陽志餘．古跡》還有這樣一段記載：「石塔在茶山路，明吳宗兗甓茶山石路，紀其事於塔，今居人猶以石塔名其地云。國朝吳德旋《石塔記》曰：昔吾祖南翁先生構別業於茶山、白蕩間，池館之勝，甲於郡治，所謂『南山之南』是也。嘉慶壬戌九月，余以事過茶山，極望荊榛，遺跡盡矣，悽愴者久之。已而至眾度庵，壁凝塵如畫，腐桷、危簷，恒有落勢。庭無樹木，草藜生被階，頹垣荒蘚中，見石塔可丈許，傾焉。上有細書，斑駁隱約可辨，則南翁先生手書前後甃路記事文也。茶山故物，此其僅存者矣……嗚呼！向之所謂名勝之地，今已盡荊棘、禾黍矣。一塔之微，何有焉？然以先人手澤所存；為子孫者，忍聽其湮沒塵土中，而不為之所耶？且使後來繼今者，知斯塔之彌可貴重，宜如何愛惜而珍護之耶？若是，其不可無藉也。故謹而記之。時癸亥四月初一日也。」吳德旋為吳兗後裔，生活於清代後期，在他眼裏所見已是「已盡荊棘、禾黍」，僅剩一塔之微。

又經百年巨變，泱泱白蕩，如今成為一灣水道；城南蒹葭山莊已是一片樓宇，遺址一時難辨。20 世紀 80 年代，白蕩之濱，相繼建起賓館、學校，環境地貌皆已變化。查《光緒武進陽湖輿地全圖・懷南鄉圖》：白蕩之南有蒹葭村。又見《毗陵白蕩金氏宗譜》譜序：「元時有福益公者，自金華蘭溪仁山里，遷居常州鳴珂里，後有靜涯公者始遷郡城南郊白蕩之蒹葭村，今宗祠在焉。」根據此載，蒹葭山莊舊址當在中吳大道北側（原常州物資學校）周邊。

吳兗《茶山草堂記》：

江以南多佳山水，即吾郡亦處處有之。陽羨更為山藪，且產茶；錫山則兼有泉，以供好事者鬥茶之用。吾邑大俗，生皆莽買平衍之野，獨郭外西南隅十餘里，有茶山，亦魁父邱耳，不堪與諸山齒。考之邑乘，唐時修茶貢於此，故名。杜牧詩有「山實東南秀，茶稱瑞草魁」之句。土脈從陽羨來，蜿蜒如龍，時起時伏，又如覆鐺，如累棋，如連珠，如螺如髻，雖無崇崗峻嶺，而以負郭得之，差足破吾地之俗。倘有幽人韻士，如甫里先生輩，點綴其中地，豈不以人勝哉！

奈吾邑之人，更俗於地，闤闠間櫛比而居，無隙地可錯趾。此山空寂，則不以宅人，而以宅鬼，點涴煙雲，幾無完膚，可惜也。然累累者歲為此山增竈，而松短於秧，平鋪着土，望之宛如畫米家山，點苔設色，嬌姹可人。其拱而抱者，樛枝偃蓋，直參天日，真不減深山中。恐張湛齋前未必有此景色，則反受鬼之利矣。予少好郊遊，每至此，必藉草坐，便有卜居之想。萬曆壬子歲，始買山而營菟裘焉。山下有白蕩幾數百頃，水清冽，藻荇交横，葉葉可數，味與常異，可收之湯社十六品中。余因堤以蓄之，溝以環之，沼與澗以瀠洄之，其延廣足當居址之半。雨後，山溜淙淙，注之悉受，其不勝受也，乃從石窟中放而之蕩，且設版焉，以觀其建瓴瀑布之勢。凡田畯園丁，取之不禁，減則補之，故水常與階平，而與蕩水相懸，偶至尋丈。山居之勝，不獨得山，又復得水矣。更以水易土，累而成阜，移山松之中材者植之，與山之幾無以辨，而山益勝。又插棘為藩，截柴為門，種竹樹為障，而構堂三楹於其間，至丙辰始落，而題曰「茶山草堂」。或謂予曰：「古人有山水癖，有茶癖，子兼而有之乎？但此地無一拳之石，無一旗一槍之蘖，即茶山亦浪得名耳！子何取而復以名子之堂？」雖然，名亦可取也。太白云「地不愛酒，應無酒泉」；余亦云「地不愛茶，應無茶山」。今世味沉酣，中人如酒，耽耽逐逐，無復醒者。

忽一日，謝闤闠間事，出郭門，散步亂山中，見長林叢密，高墳岧嶢，平日馳逐奔騰之火，如投之清冷，耗除過半。而升是堂也，有不習習然，冷冷然，滌煩襟而消渴吻者哉？即無茶可也。況余既有同癖，更無酒腸，得專其嗜於茶。凡山下種秫之田，當改而種荈，效甫里故事，歲入茶租，自為品第，以了此山一段公案。柴門反關，俗客不至。汲流泉，束散薪，烹折脚鼎，隱囊紗帽，翛然於林壑之間，亦足以老矣。故書此數語為記。

清代陳玉璂《遊蒹葭莊記》：

予嘗思得百畝之地，有合圍之木數百株，以六七十畝為池，而又慮木不易長大，必擇其地之有茂林古幹者始，因之為池，又慮開鑿之者人工難繼，或卑隘淺淤，不能成浩渺之觀，必得源之通於江湖者，滔滔不竭而後快予心。然求之卒不易得，亦成吾虛願而已。吾郡南郭有茶山路者，相傳為披裘翁不拾遺金地，高下盤曲如山，又不邇官道，以故其地之木皆得全其生，且有歷幾百年者，傍連白蕩。白蕩為郡西南巨浸，周圍之田藉以灌溉，以其為官河，無稅人，故皆得而資之。

明神宗時，邑孝廉吳某者，既相其地可為園，不惜重價以得之。所謂白蕩者，亦不憚勉強委屈以得之。然白蕩亙二十餘里止，就其逼於茶山者，築堤其上以斷其流而已成巨觀。於是，茶山之木、白蕩之水皆為園有。予固歎，孝廉早已同予之願，而不徒有其願也。

園成不數年，孝廉病且死。又後十餘年，其子孫負債於邑之富人，不得已歸焉！富人者不喜園，然捨此慮無所償，亦不得已受之。富人雖有其園，然日謀利於城市，終歲未嘗一至其處止，令守者牧羊豕於其中而已。而所謂茶山之木，朝夕齧之，死者過半，富人且喜，盡伐之以為薪，獨白蕩者資之以豢魚得無恙。然其為園百畝許，魚之利不足以輸官，富人方且思仍出為官河，而免其賦稅。嗟乎！昔日為園之始，所謂為茶山之木、白蕩之水，孝廉愛之，惜之，如恐失之。孰意其今日棄之，至於如此也。且孝廉力能以物之在官者為吾園之所有，豈遂不能以吾園之所既有，而長保所有乎？則孝廉之願固已早遂於予，而予之願，雖終不得遂，亦可無回也已。

拙園

畏人成小築，養拙就閒居

「羈鳥戀舊林，池魚思故淵。開荒南野際，守拙歸園田。」此為陶淵明《歸園田居》詩句。何謂守拙？保持拙樸之性歸耕田園也。武進亦有自稱守拙者，此人就是吳中行子（行七）吳襄，在常州城內築有一園，取名拙園。按吳襄自記：「余惟拙以自守，每幽獨而多閒，因得日涉於斯，小小成趣。」又曰：此園「無仲頤闢薙之精，無靈通結架之適，無敬宏登臨之備美，則余之辱以拙也。」

拙園佔地三畝，位於北水關東，與鶴園毗鄰，始建於萬曆年間，毀於崇禎丙子（1636）。吳襄在《拙園記》曰：「憶余戊戌，析居之後，蕪穢不治，鞠為坎澤，簣土畚礫園始基之時，有訝余之拙而迂者。今幸觀厥成，聊可優遊卒歲矣。」吳襄「天放居」額又記道：「崇禎丙子歲，承乏，景城中虜震，鄰將以家殉，後復忤璫被讒，又將以身殉矣。」戊戌年即萬曆二十六年（1598），是年吳襄 21 歲，兄弟分家，各自居住。舊居一度「蕪穢不治，鞠為坎澤」，於是開始重新謀劃宅院改造之事。吳襄僱工在此簣土畚礫，砌房造屋，疊山鑿池，蒔荷栽竹，數年後，宅院終於落成，取名拙園。直到崇禎九年（1636），「城中虜震」，拙園遭毀，吳襄在青山門外新建青山莊。

今人一般僅知吳襄有青山莊別業，而不知其另有拙園。區區三畝小園，卻遠早於青山莊。吳襄哥哥吳兗《拙園小刻序》[1]道：「吾弟既以拙名其園，後構別業於青山門外，復名其亭曰北山愚亭，何其偶合。」

吳襄（1577－1652），字服于，南直隸常州府武進人。萬曆三十一年癸卯（1603）舉人。據《康熙常州府志》載：初授福建南平縣令，剔奸除弊，胥吏莫不畏法。崇禎初遷滄州知州時，內監孫茂霖分守天津、通州，抵達滄州，府、縣官吏皆出城迎接，吳襄痛恨閹黨專權，獨不出戶迎奉。孫茂霖大怒，伺機報復，吳襄不屈，棄官回籍，在鄉築青山莊別業，優遊終老。卒，葬於常州城西橫林，著有《延津雜記》《茶陵雜記》《滄州雜記》三記及《拙園小刻》。

拙園雖為三畝之園，園中池館亭榭卻一應俱全，且富有特色：園內竹石各半，亭台池閣，具體而微。吳襄喜歡竹石，三畝之園一半成為竹林，一半形成山水。

園之一隅，築堂三楹，名為率堂，堂內壺鼎琴尊、茶鐺棋局，錯陳其中。為率堂後，構三層樓閣，稱同復閣，為園之最高處。登斯樓環顧眺望，城隅水關、北門樓角歷歷在目。至清夜，鐘聲忽而西來，分明來自半里之外的放生禪院。

1 吳兗《拙園小刻序》收錄於清《北渠吳氏翰墨志》。

同復閣左有一樓，為吳氏藏書樓，珍藏歷代古籍圖史（估計藏書是祖父吳性、父親中行所傳）；閣右有二舍，舍前伴有方塘，稱之「甕牖盆池」，取杜牧《盆池》「鑿破蒼苔地，偷他一片天。白雲生鏡裏，明月落階前」詩意也。

方塘面積不詳，池塘之周，植有數十株老杉樹，清樾交橫。又有井泉隱於墻外，吳襄請匠人在園磊石為澗，刳竹引流。泉從石縫仄出，有若自然匯流，澄流委曲，潛而復溢至塘中。值得稱道的是：潺潺流水，若有絲竹之音；石澗青苔，可洗人間凡塵，故此，園主人得意地稱此「有蘭亭之勝」。

方塘東偏築一涼亭，如翼臨池之上；西南隅則有一室，如磬在山之阿。隙地餘坡，多種竹篁，竹林間佈以大石，綴以虛亭，亭名「竹醉」。好一個「竹醉」！世上曾聞石癡、石醉，或有梅癡、梅醉，少聞醉竹者，吳襄其一也。吳襄性好竹，拙園之半，篁影竹蔭，樓閣掩映其中。吳襄常常在此抱膝隱坐，或鼓腹微吟，每每幽獨多閒，日與竹篁周旋，夜隨涓流同眠，故此醉於竹也。

吳襄自題《拙園記》後，其兄吳奕又為《拙園記》題跋：「夫園何以能拙乎？蓋其初也，塊然若獃瘠然，若癰腫蘅蕪之鹵莽，若籧篨而拙可知已。乃因其所塊然者，裒之以瘠然者，礪之石鹵莽然者，而刪芟蘊祟焉，安知非拙者之效也。余弟服于智能水，顧愚以名溪，諒非託宿鳩巢，抑豈謀身蛇足，而不龜手之藥，不免於洴澼絖夫，固有所不用耳。詩所稱亦維斯戾者，非耶！語云天下拙刑政撤勉旃哉。無忘今日名園之意，而為潘安仁所慨嘆。嗚呼！靡哲不愚，方坐忘於抱甕，而有兄無慧欲浸假之處，錞非其質矣，以識感於不朽云。」

吳襄早年一直居住拙園，崇禎七年前後，因與閹宦孫茂霖不和，棄官回籍，仍居此園。吳襄晚年曾作《拙園集句十六首》，詩中寫到「語笑且為樂，無令白髮新」「莫惜留餘興，年華已暗歸」句，筆者錄拙園集句十二首：

一

用拙存吾道，幽情誰與同？
林疑中散地，人有上皇風。
冠櫛心多懶，壺尚趣不空。
高閒直是貴，未足論窮通。

二

世路知交薄，歡遊自此疏。
深漸長者轍，真作野人居。
清室閒逾邃，高齊淡復虛。
悠然無一事，不似帶經鋤。

三

浮名竟何益？擾擾百年間。
天地空搔首，風塵豈駐顏？
小池兼鶴淨，深戶映花闌。
始悟塵居者，忙應不及閒。

四

豈敢尚幽獨？由來意氣疏。

畏人成小築，養拙就閒居。

書亂誰能帙，葵荒欲自鋤。

文園多病後，賦或似相如。

五

林園雖少事，幽事頗相關。

有地唯栽竹，無時不見山。

貌將松共瘦，心與水俱閒。

回首驅流俗，何人最往還？

六

辟居人事少，正與懶相宜。

寂寞從誰問？幽偏得自怡。

衆山遙對酒，曲水細通池。

遙想蘭亭下，空吟祓禊詩。

七

吾亦愛吾廬，陶潛語不虛。

澗聲連枕席，爐氣暖軒除。

座對閒人酒，山藏太史書。

向來幽興極，新興復何如？

八

小園吾所好，手植已芳菲。

賞詠情彌愜，逢迎興漸微。

雜花分戶映，獨鳥背人飛。

易識浮生理，無勞問是非。

九

靜中何所得？日與道相親。

薄俗防人面，浮名誤此身。

水煙晴吐月，池草暗生春。

語笑且為樂，無令白髮新。

十

竟日悄無事，徒看春草芳。

計疏疑翰墨，地僻懶衣裳。

暗水流花徑，閒雲來竹房。

此中能燕坐，都使俗情忘。

十一

庾信園除小，芳條自結陰。

杖藜從白首，隱几當青岑。

但有閒銷日，都無悶到心。

興來不暇懶，高閣復登臨。

十二

登臨信為美，春事滿林扉。
遲日明歌席，流風散舞衣。
岸花且開落，簷燕語還飛。
莫惜留餘興，年華已暗歸。

青山莊是吳襄棄官歸籍後營建的，而拙園建於萬曆後期，早於青山莊 30 年左右。吳襄徙居青山莊後，拙園舊址可能轉給他人。查閱清《光緒武陽志餘．古跡》，見有竹葉園的記載：「竹葉園在左廂東北隅，周樾林於北水關浚濠架橋，圍城址種竹，名竹葉園。後曹弁佔宅，砍斫立盡，按今鶴園即其故址。」竹葉園既然在鶴園故址闢建，園又冠以「竹葉」之名，可能與當年拙園多竹有關。現錄吳襄《拙園記》，供大家明辨：

拙園者何？乃余之所自名，因名余園者也。余以碌碌餘子，而樗散瓠落，無當於時，棲遲衡泌，若將終焉，此拙於逢也。懶心病骨，多所不堪，且落落弗善，為軟熟令自遠，此拙於諧俗也。由以推諳，一切無不拙者，則余之以拙名似也，又何辱余之園！然茲園也，室斵而不飾，石礪而不文，木猶弱植而弗中繩，水猶行潦而弗資舟楫，其拙而無用，適類於余。即其蕭然環堵，蓬蒿沒人，未能枉車之過，而留椽筆之題詠。巧者固如是乎？且巧者多窈而深，繚而曲。

茲園輪廣不逾三畝，可一覽盡也。無仲頤闢薙之精，無靈通結架之適，無敬宏登臨之備美，則余之辱以拙也，固宜拙園之中，竹石居半，亭台池閣，具體而微。余惟拙以自守，每幽獨而多閒，因得日涉於斯，小小成趣，或抱膝隱坐，或鼓腹微吟。見林翳然，鳥聲上下，花明而草熏，則放懷自適。時荷鍤執斤，為老圃狀，以撥土膏，以芟枝蔓，倦則手一編而臥，皆山林會心語也，益增其懶。放幾於畏人，閽者誤通生客，則譙詈隨之，間亦反而刻責，卒弗能悛。

余其如之拙性何？惟是性所自至，曠然天真，寧附其所安，無寧苟其所不樂，余亦率余之性而已，他何知焉！因名其堂為率堂，凡三楹，壺鼎琴尊、茶鐺棋局，錯陳其中。待狎客之愛閒者，過從相與，清言高飲，興到則自放歌，或仿昔人命《桃葉歌》《楊柳枝》，致足樂也。共客約曰：凡登斯堂者，去三揖百拜之文，坐列無序，起居無次，任簡率也。談於斯堂者，詼諧謔浪，無煩囁嚅，有及炎涼、置臧否，則揮手謝之，期率直也。觴於斯堂者，供具隨所便，不必事醲脭醲，蔬食菜羹從草率也。條而揭諸座上，為拙政之令甲，可乎？

堂背為同復閣，閣似三層，虛其中之頂，而疏其兩掖，蘭楯飾於三面，俾登眺者循此少逶迤焉。密爾叢林，城隅與樓角相映，鐘聲忽焉西來，更宜清夜。閣左版屋一，貯圖史也；閣右二舍，作甕牖盆池。井泉隱於墻外，刳竹引流，從石中仄出，有若自然，匯而潛，潛而復溢，循除達於方塘。因磊石為澗，環植老杉數十株，清樾交橫，澄流屈曲，不減蘭亭之勝。而水聲潺潺，可當絲竹，洗盡塵土腸胃矣。

東偏則有亭，如翼臨池之上；西南隅則有室，如磬在山之阿。余地多種竹，竹間佈以大石，綴以虛亭。余性僻於好竹，取古人之同好者，繪諸四壁，日與周旋，當煩此君為居亭耳。時惟夏五，而亭適成，題曰「竹醉」。余素不善飲，復不善飲客，且未能醉竹，而竹又何醉焉？醉之意固不在酒也。

憶余戊戌，析居之後，蕪穢不治，鞠為坎澤，簣土畚礫。園始基之時，有訝余之拙而迂者。今幸覩厥成，聊可優遊卒歲矣，夫復何求？客莞爾而笑曰：「子豈終孑焉！伏處自許其遺世抗俗老歟？一旦裂荷衣、空蕙帳，則林慚無盡，澗愧不歇。茲園也，不將乞北山之靈移文讓子乎？」余曰：「噫嘻！余固藏拙於園，而園復塊然，與余相守如戀戀弗去，亦似借余以藏拙者，當敬謝不敏。」

青山莊

風花過樹，鳥亦徘徊

常州青山莊並不是築於青山綠水之間的山莊，而是建於青山門外鳳嘴橋畔的吳襄別業，營建時間在崇禎年間，時為常州最大的私家園林之一。吳襄書「天放居」額這樣記載：「崇禎丙子歲，承乏，景城中虜震，鄰將以家殉，後復忤璫被讒，又將以身殉矣。幸蒙南明鑒督予閒歸里，真所謂天放作閒人者，因名其居，以識感於不朽云。」

「崇禎丙子」是崇禎九年（1636），正是明清鼎革之際，清順治九年（1652），吳襄謝世後，園林由其子吳見思居住。崇禎以後的百餘年間，偌大的青山莊數轉其手，最後在鎮江張氏手中傾圮荒廢，成為一堆廢墟。

清中，邑人蔣汾功曾撰《青山莊記》，但所涉內容已是張氏擴建後的信息，而吳襄在世的青山莊何樣，并無完整記錄。根据吳襄所題青山莊額文，可知山莊時有共語軒、寤言室、新月廊、天放居、止隅、北山愚亭等等。下面摘錄吳襄部分堂軒廊榭額文供參考：

書共語軒額後：余性愛閒靜，幾於畏人，惟此一片石，堪其語耳。欲索共笑者亦惟梅花，在孰謂非斯人之徒，與而誰與也？因並署而並識之，以當解嘲。

書寤言室額後：前小構於一片石上，題曰「共語」。茲友人許太區為余磊石作澗，復考槃焉。「共語」猶與石俱而獨寤寐，言則惟我與我周旋耳。然尚論千古，晤言一室，將援碩人為石友，而友弗諼之矢又堪共也。

書新月廊額後：大月自從生，轉而西則已殘矣。惟新月之成，魄之成光，若生於西且轉而逾新也。余以廊處西之偏復西向，題曰「新月」。清輝漸滿，疏影乍流，趣味更覺，有會是之，取爾唐人詩云：「近水樓台先得月」，又何閒於東西乎！則此廊也，謂之新月廊亦可，謂之殘月廊亦可。

書止隅額後：小築在邱之隅，而窮於水，有止象焉。因詠黃鳥之詩，以落之鳥知所止，余固無知者，請以鳥為導師可耳。

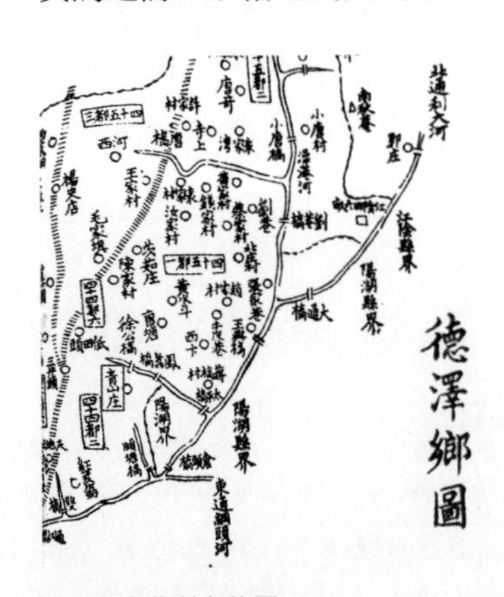

* 青山莊所在位置

書天放居額後：崇禎丙子歲，承乏，景城中虜震，鄰將以家殉，後復忤璫被讒，又將以身殉矣……

吳兗、吳襄作《拙園小刻序》又云：吾弟既以拙名其園，后構別業於青山門外，復名其亭曰北山愚亭，何其偶合。

吳見思(約1625－1680)[1]，字齊賢，南直隸常州府武進人。官至參政。据吳見思康熙十一年(1672)《杜詩論文》自序「今且五十，見解不益進」，知其生於1625年左右。康熙二十六年(1687)，萬樹[2]為吳見思《史記論文》跋曰:「謂門下萬樹等曰:『此故人手澤也，余嘗允所請，今忽忽十年，齊賢墓草宿矣。』」據此分析，吳見思生卒年限約為1622年至1677年。著《史記論文》《杜詩論文》等行世。

順治年間，不知何因，青山莊歸於本邑徐氏。康熙五十年(1711)，又被鎮江人張逸少購得。清乾隆年間，吳宗達曾孫吳龍見《將進酒》記載了青山莊由盛而衰的演变過程:「青山莊本余曾叔祖服于公之別墅也，鼎革後鬻於徐氏，後為京江學士張天門先生所有。庚申九月，令嗣叔度方伯徵集大江南北諸名士為文社，詩、古文、詞，彙為一冊。余時客淮上，未躬逢其盛也。癸未秋，偶檢舊書得之。張氏園林不堪復問矣！爰賦一篇略具本末。」賦云:「衡門窈窕浮煙嵐，入户見清泌。纖纖新月媚煙雨，煙雨度橫塘。瓔珞階前翠，小山金粟晦堂禪。[3]迴瞻高塔疑，蕭寺亭開聞靜香[4]。香遠知荷芰，白鳥斜窺立。滌波

1 參見張富春《吳見思家世及其〈史記論文〉考》。

2 萬樹(1630－1688)，字紅友，號山翁、山農，常州宜興(今宜興)人。清初著名詩人、詞學家、戲曲文學作家。順治年間以監生遊學北京，未官而歸。康熙年間，入兩廣總督吳興祚幕府。跋文錄自吳見思《史記論文》。

3 小山坳西閣匾曰「無隱乎爾」。

4 亭名，四壁環列晉唐名人法帖。

錦雲，深處風標異。當時華萼日相親，尊酒論文董與陳[1]。只共青門稱老圃[2]，渙亭無地培松筠。百年轉徙教歌舞，書幣紛馳集簪組。九日黃花文讌閣，樓台夜夜聽簫鼓。長虹宛轉落波心[3]，魚在澄潭鶴在林。歸愚古澹畫山鑒，張王麗句揚清音[4]。年去年來欒花塢，群玉香銷纔半炷[5]。方伯雄豪一旦休，雪牕誰作梅花主。雲外堂前桂作薪，眼看青山易主頻。繁華畢競歸零落，慷慨悲歌屬酒人。少陵不作謫仙死，青邱髡藻嗟已矣。曠代興衰有如此，萬古橐籥同一指。神仙不可求，狗屠可與遊，薄酒飲兩甌。」

張逸少（1665－1734），字天門，號青山，鎮江丹徒人。康熙二十九年文華殿大學士兼戶部尚書張玉書長子，康熙二十六年（1687）丁卯科舉人，康熙三十三年（1694）甲戌科進士，選翰林院庶吉士。不久改授山西壺關縣知縣、甘肅秦州知州，特授編修。張玉書去世後，康熙感念其舊勞，特擢逸少為侍讀學士提督順天學政。康熙四十七年充任《廣群芳譜》之編校官，康熙四十九年充任《淵鑒類函》之校錄官。又曾奉敕任《康熙字典》修纂工作。著有《學士文稿》《青山詩集》，皆佚。

1 即董其昌與陳繼儒。

2 吳龍見曾祖吳宗達，謝政歸鄉，自號青門老圃。

3 橋長十餘丈，有水門七，左右扶欄皆琢白石為之。

4 即張賓王與王鶴書。

5 峰巔設吳徐二氏山主神牌奉香火。

張玉書（1642－1711），字素存，號潤甫，自幼刻苦讀書，順治十八年（1661）進士，精《春秋》三傳，深邃於史學。歷任翰林院編修、國子監司業、侍講學士，累官至文華殿大學士兼戶部尚書。康熙五十年卒於熱河，謚號文貞。

張逸少後來將青山莊傳給次子張適，張適又加整修並擴建，規模更為宏大。據乾隆間進士謝聘《春及堂稿》記述：「青山莊為基一百四十餘畝。內有三山在望，水鏡軒、涵碧池、新月廊、藤花徑、飛翠堂、桃園、智光塔、七星橋、煙雨橫塘等四十二處勝景。」謝聘所云「青山莊四十二處勝景」，部分為張玉書、張冕、張適時形成。

張適（1693－1748），字叔度，張玉書孫。少即能文，詩人、書畫家，十九歲以太學生考選入仕，先後出任過刑部員外郎、刑部郎中、河南布政使、直隸布政使等職。因受「浙江訟案」牽連，絕意仕進，歸隱青山莊，以莊園樂是軒自號，人稱樂是先生。

對於青山莊轉讓一事，《乾隆武進縣志》卷一見有記載：「丹徒張逸少徙居常州，購得青山莊擴建之，並以此為號。青山莊為吳襄所建，與蒹葭、來鶴並屬北渠吳氏，後歸徐氏，此時已歸張氏。」

青山莊相距青山門約 3～4 里，園由鳳嘴橋（一稱鳳翥橋）入，門懸「三山在望」匾額，在此東顧，可見石堰、陳墩、馬鞍三山之峰，故此得名。

山莊有樓，曰臥雪樓，額曰「群玉山頭」，取李白《清平調》

「雲想衣裳花想容，春風拂檻露華濃。若非群玉山頭見，會向瑤台月下逢」詩意。高閣建於土阜之巔，四周栽以梅樹數百株，登樓遠眺，一園之勝皆在指顧間。臥雪樓旁有智光塔，佛塔高樓，巍巍屹立。樓後又有飛翠堂，為飲食宴樂之所。其右為樂是軒，張適以此為號，也是張適閒適之所。

張適在園，益增舊業，新闢水鏡軒、涵碧池、新月廊、藤花徑、飛翠堂、松岡，桃園，灌畦軒、修竹吾廬等。張適臨池觀魚，在亭放鶴，館前齋後，又多栽喬木修竹，名花異卉，娛心自悅。

青山莊所有亭台樓閣，取名皆具詩意，如：「涵碧池」取宋代朱熹《即事有懷彥輔仲宗二兄》詩「一水方涵碧，千林已變紅」之意境；「新月廊」取宋代朱敦儒《好事近．漁父》詞「晚來風定釣絲閒，上下是新月」之意境；「煙雨橫塘」則取宋代謝逸《卜算子．煙雨冪橫塘》詞「煙雨冪橫塘，紺色涵清淺」之意境。據洪亮吉《平生遊歷圖序》：「（青山莊）敞者為翡翠堂，高者為麥浪軒，曲者為煙雨橫塘，邐迤而折者為新月廊，皆園中最勝處也。」

清代湯健業《毗陵見聞錄》對青山莊也有詳載：「郡城內有名園四，城東北隅為楊園，北郊為青山莊，小南門外為蒹葭、來鶴莊，皆前明北渠吳氏別墅。四園以青山莊為最，後歸京江相國孫適，經營渲染，較前更勝，余幼時屢隨諸尊長遊覽焉。亭沼樓台，悉臻幽勝，而聯額碑版尤極古今之選。莊門額為『三山在望』，聯則『山公自是園林主，懶性從來水竹居』，華亭董尚書敏筆。二門隸書『黌門之下』四字。廳事為敬思堂，聖祖御題，以賜天門學士者。後為內戶，最後樓九楹，供奉列聖賜書及收藏宋元明諸名公畫之所。旁為園，由新月廊而達飛翠堂、樂是軒、伍客社、麥浪軒、靜香亭、觀稼亭、睡足軒，指不勝屈，處處引人入勝。最妙為群玉山頭，建高閣於土阜之巔，四周圍以梅花數百，閣旁有小塔。冬春之交，群梅舒蕚，紅白相間，香聞遠近。風清月朗，鈴鐸叮噹，如坐空山中，令人有出塵之想。主人能詩書畫，雅喜笙歌，每逢良辰美景，珠履盈庭，金釵屏列，聲色之樂，蔑以加焉。」

乾隆年間，青山莊一度成為郡中文士交遊之佳地，趙懷玉《收庵居士自敍年譜》[1] 多次提到青山莊交遊之事，如：乾隆二十四年（1759），「是歲，與同里吳企宣學贄、史企南篁、劉伯南塤、陸耕方瑗、徐仰之玉階、許繼士承志、蔡震暘昉、劉存子種子、余汝舟濟南等締交於青山莊，凡十人，始知朋友之樂。」乾隆五十年（1789），《趙懷玉詩．卷十一》又載：「與吳大（玉贄）、陸大（瑗）、許二（承志）、蔡大（昉）、劉二（種子）、余二（霖），凡十人，集於北郭之青山莊……」以上記載說明，包括趙懷玉與吳學贄、史篁、劉塤等，三十年之間經常集於青山莊。

嘉慶年間，洪亮吉曾遊青山莊，他在《青山莊訪古圖記》中說：「猶憶六七歲時，園未毀之日，曾隨太宜人及親串遊焉。翡翠作屋，晴紅四周；玲瓏斵窗，膩綠千疊。新月半塊，回廊

1 《收庵居士自敍年譜》錄自趙懷玉《亦有生齋文集》。

百盤。風花過樹，鳥亦徘徊；煙雨壓簾，魚曾睥睨。此一境也。既而秋蛇緣樹，台已漸傾；野獺瞰樑，池皆半涸。分香故姬，展夜台之鏡；織屬遣僕，唏冬日之陽。林鶚有聲，樑雁無影。此又一境也。百牛銜索，運此奇峰；十斧臨門，摧茲怪樹。以鴛鴦之碎瓦，填魚鱉之空池。劈山榴以代薪，析海桐而作櫬。傷遊客之心，裹漁樵之足。此又一境也。」此一記載，說明青山莊在嘉慶年已逐步衰敗。

張適雖為士子，卻也是紈絝公子，後來不思進步，揮霍無度。在其手中整修擴建了青山莊，卻也親手毀了青山莊。張適在此蓄養兩副戲班，所謂「新腔摧打花奴鼓，反腰貼地骨玲瓏」，成天與藝妓、名伶廝守；又專營敲詐勒索之事，橫行鄉里，周圍百姓苦不堪言。乾隆十三年（1748），張適被人告發，官府將其治罪，青山莊亦被抄封，後被沒收充公。

張適究竟是因敲詐勒索被官府問罪還是另有隱情？據清代蕭奭《永憲錄》記載：「張適係獲罪之人，且虧空錢糧。朕念伊祖張玉書在聖祖時效力多年，而伊之過犯，大約由年羹堯挾制，於是赦其罪愆，用為直隸布政使，朕恩尚可負乎？」充公後的青山莊處於無人管理狀態，後來被當地鄉民佔為農田，一代名園，逐漸毀廢。據《毗陵見聞錄》描述：「丙寅、丁卯間，主人遭禍，園亦輸官，日久傾頽，漸成瓦礫，長聯短額，古版名碑，不知歸於何所。最後園歸傖父（指當地鄉民）所得，伐木壞垣，填池毀榭，昔之方亭曲沼，盡為秋隴夏畦。園林有知，亦當痛哭。」

詩人袁枚[1]來常訪友時，青山莊已廢，為此觸景生情，於是寫下一詩：

笙歌聲斷水雲寒，草草亡家瞑目難。
我與主人曾有舊，青山不忍上樓看。

本世紀初，青山莊遺跡依稀可見。20 世紀 90 年代，舊址一度建設青山莊賓館；2006 年，常州衞生高等職業技術學校移建於此。

現錄清中邑人蔣汾功[2]撰《青山莊記》，品讀當年山莊美麗畫卷：

出北門，水行十里而近，路行五里而遠，有隩區焉，曰青山莊，前明吳氏所建也。入門，榜曰：三山在望，旁有三峰，故以此錫名焉。國初鬻於徐氏，傳三世，漸以頹廢。康熙辛卯，學士天門張公自潤州來徙居，因以自號，學者遂稱青山先生。

先生日課諸孫及群從子侄於其中，又以其暇增勝概：曰松岡，曰桃園，曰灌畦軒，曰修竹吾廬，皆先生手澤，存焉。

1 袁枚（1716 — 1797），字子才，號簡齋，晚年自號倉山居士、隨園主人、隨園老人，錢塘（今杭州）人。乾隆四年進士，歷任溧水、江寧等縣知縣，有政績，四十歲即告歸。在江寧小倉山下築隨園，吟詠其中。廣收詩弟子，女弟子尤眾，與趙翼、蔣士銓合稱「乾隆三大家」。

2 蔣汾功（生卒待考），字東委，江蘇陽湖（今常州）人，蔣和寧父親。雍正元年進士，以知縣發湖北，後官松江府教授。性孝，以古文名，尤精於《孟子》。有《讀孟居文集》6 卷。

園舊有樓，曰「臥雪」，其額曰「群玉山頭」，可以遠眺，望而一園之勝在指顧間矣。堂曰「飛翠」，為飲食宴樂之所。其右曰「樂是軒」，仲子方伯適因以自號，而學者亦稱樂是先生。益增舊業，闢土宇，列閒館；池有魚，亭有鶴；名花嘉卉，娛心悦目，選勝者益於是焉趨之。嘗思天地萬物，皆與吾身精爽相為感召。是故俯仰之，在世也；取諸其懷應求之，在我也。從乎其類室之見美也，惟人日居焉！園之成趣也，惟人日涉焉。其他林泉之勝，草木之繁，鳥獸蟲魚之泳遊啄息，日與人相習，則各效其靈。棄置弗問，則黯然殘敝，皆理有固然，如響斯應。又況考德問業，求諸吾身以內者乎？

先生之子曰冕，好學有文，世宿其業，慨然於聚散靡常，而敬業樂群之，不假易也。以乾隆庚申秋，發書四馳，大合四方，諸同學無有遠邇，少長偕來，期九月九日後三日畢集於莊內，四方君子亦皆如期而至。有不遠千里者，昕夕寢興往復於其中。張樂設宴，永夜不倦。分題較藝，多寡遲速一聽。人自為講習觀摩之益，絲竹管弦之盛，視昔人有加焉。柳子厚有言：「蘭亭不遭右軍，則清湍修竹蕪沒於空山。」

夫古今名勝，地以人傳，而其地亦遂終古為其所有。自茲以往，世有言山莊者，吾知後之視今，亦猶今之視昔也。

鶴園

望春不見迎春處

「豢鶴名園舊額留，論交二陸已千秋。望春不見迎春處，抽查同有趙倚樓。」此為清末民初常州學者金武祥所題《鶴園》詩。

金武祥《鶴園》詩有序：「鶴園本吳氏園，以豢鶴得名，在迎春橋東。後陸氏得之，悉為住屋，陸廣敷太史、霖生明經舊均投分。近趙少芬茂才寓居陸宅，嘗偕至橋畔望春樓茗話，遙望東郊，慨迎春之典久廢矣。」

清《道光武進陽湖合志・古跡》記載與金武祥詩序基本一致：「鶴園在迎春橋東，本吳氏園，以豢養鶴得名。國朝乾隆間，陸兵備瑗得之，今園廢，悉為住處。」

又見《光緒武陽志餘・古跡》：「竹葉園在左廂東北隅，周樾林於北水關浚濠架橋，圍城址種竹，名竹葉園。後曹弁佔宅，砍斫立盡，按今鶴園即其故址。」由此可見，竹葉園的前身是鶴園舊址。

由於鶴園存在時間不長，又少見文字記載，金武祥詩、序對我們了解鶴園興衰演變有一定幫助。

金武祥（1841－1924），別號粟香，常州府江陰縣璜土鎮人，（與瞿秋白母親金璿為同村族親）。出生於武進羅溪南村謝宅（外祖父家），一生經歷道光、咸豐、同治、光緒、宣統和民國六朝，寫下大量詩歌散文，內容多與常州有關，「桂林山水甲天下」名句也出自其筆。由於金武祥大部分時間活動於郡城，故對常州人文歷史較為熟悉。

鶴園又稱白鶴園，具體位置在北水關東、新城濠南涯[1]，佔地大約10畝，為明萬曆年間湖廣道御史吳亮所建。吳亮《止園記》云：「城東隅有白鶴園，先大夫命余徙業，於是棄小園。已先大夫即世，余復葺嘉樹園，於是棄白鶴園。」由此可見，鶴園初由吳亮與父親居住。

萬曆四十八年（1620），吳亮在青山門外建成止園，白鶴園因位於青山門東南角，故稱城東隅。止園建成後，白鶴園一度由吳亮兒子吳柔思、吳剛思兄弟居住。柔思後居止園，剛思則留居鶴園。清《康熙武進縣志 · 宦績》載：「吳柔思，字德嘉，亮子，為諸生時從父講學東林，天啟壬戌成進士，歷祥符令時，善治城隍，運籌措餉。」柔思後改遷豫省，以勞卒於官，康熙年間崇祀開封名宦祠。「吳剛思，字德乾，號夕龕居士，崇禎十六年（1643）進士，授給事中，後由給諫降授武昌府知事，不久告歸。入清後，起為饒州司理、大冶知縣，後謫武昌從事，抑鬱而終。著《遠山閣詩集》。」

1　原天寧區政府所在地及其鶴園新都部分區域。

吳剛思去世後，鶴園幾易其主，清乾隆年間，先由太史陸廣敷、陸霖生兄弟購得，後有趙少芬寓居，再由本邑周樾林所居。

陸廣敷（生卒待考），名瑗，字耕方，常州武進人，曾任兵備道使，與本邑趙懷玉為好友，乾隆二十四年（1759），二人曾同遊青山莊。趙懷玉《收庵居士自敍年譜略》上卷：「是歲，與同里陸耕方瑗締交於青山莊，凡十人，始知朋友之樂。」

趙震（生卒待考），字少芬，晚清秀才，清末民初常州學者。民國十年（1921），曾編《毗陵詩錄》《毗陵文錄》。民國史敬《毗陵詩錄跋》云：「趙子先有《三家詞錄》之刻，三家者，其曾祖父趙樹三（植庭）先生《倚樓詞》，其祖母弟呂曼叔（雋孫）先生《曼香詞》，其外舅方子可（方愷）先生《句婁詞》也。」

周樾林（生平待考）大約光緒年間在世。周氏在北水關宅後浚濠架橋，依明城牆廣植翠竹，故名竹葉園。竹葉園後來又被曹弁所佔，砍盡竹林，廢為荒基。

民國二十三年（1934），竹葉園舊址由武進潘毅購得，重新營建，取名芳園，但面積有所縮小。

潘毅（1888－1960），字伯豪，小名寶元，武進縣三井鄉前橋人。1913年入保定陸軍學校，與李濟深等為校友。1917年選送日本東京士官學校，歸國後任職於北洋政府編譯局，與李濟深共事。1922年奉張作霖之邀，赴奉天擔任軍事顧問。1924年隨張作霖入關，任天津直隸督辦公署中將參謀長。1928年前後任國民革命軍20路軍參謀長，1930年奉蔣介石命，在南京籌建中央騎兵學校，擔任教育長。1934年，得李濟深贈銀，回常購得鶴園舊地，構築別業，額名芳園，母親與其兒女居其中。1939年，華北建立傀儡政權，潘伯豪接受偽職，擔任第二師師長；1940年改任救國軍第一軍十八師師長，1943年升任副軍長。是年，棄甲歸里，隱居芳園。1948年冬去台灣，1960年客死異鄉。

芳園雖小，卻中西合璧，既有曲池假山，小橋流水，又有洋樓別墅，嘉木奇卉，別有一番韻味。洋樓建於民國二十五年，二層各五楹。

新中國成立後，東區（天寧區）政府由高墩子遷於芳園辦公，後來歷經改造，新建辦公大樓、天寧會堂等，曲池、假山、小橋相繼被毀，至今僅存潘毅所建的一棟洋樓，現公佈為常州市歷史建築。

綠園

香月亭空眠不起

舊堤煙雨暗秋光，白傅園林半就荒。

香月亭空眠不起，含情重唱永豐坊。

此為乾嘉年間吳龍見[1]《薜帷詩文鈔》卷三收錄的綠園詩，詩人有注：「先太傅綠園有香月亭。」

＊ 綠園位於白雲渡西側

吳龍見所云「先太傅」即明代崇禎年間東閣大學士吳宗達，據此分析，綠園創建於明末。遺憾的是，身為宰相擁有的這方城市山林，卻不見地方舊志記載，僅在吳龍見《薜

1 吳龍見（約 1694 － 1773），字恂士、薜帷，常州武進人，吳宗達曾孫。乾隆元年進士，官至陝西省布政使。通經史，工詩文，著有《薜帷文鈔》25 卷。

帷詩文鈔》詩中略見記載。

吳龍見為吳宗達曾孫，據吳宗達十二世孫吳君貽先生介紹，綠園具體位置在日新街（原稱陽署街），今名唐家灣路[1]，新中國成立初期，北渠吳氏尚有後人在此居住。

吳宗達祖居地在白雲溪東岸的洗馬橋[2]，後有吳宗達一支遷至雲溪西岸，在此營建宅院，又構林泉。吳宗達《渙亭存稿·雜著》有文記道：「綠園主人晨起，坐無為之堂，治憂賢之事。祥參羽族，戲列爰書，刀筆無能，慚張大『劾鼠』之語言為崇，鑒禰處士為《賦鸚》，書而藏之笥中，時觀覽焉，以供一笑之樂。」綠園主人即吳宗達，此文作於天啟丙寅（1626），在其進禮部之前（崇禎三年即1630年），吳宗達至少在綠園每天晨起，「坐無為之堂，治憂賢之事」。

吳宗達（1575－1635），字上于，號青門。又號渙亭，南直隸常州府武進縣（今常州）人，萬曆三十二年（1604）廷試一甲第三名（探花），授翰林院編修。崇禎三年（1630）進禮部尚書，六月兼東閣大學士（宰相），十一月晉太子太保、文淵閣大學士。五年二月晉少保兼太子太保、戶部尚書、武英殿大學士，六年十二月晉少傅兼太子太傅、吏部尚書、建極殿大學士，七年二月晉少師兼太子太師、中極殿大學士。吳宗達入閣期間，正是奸相溫體仁玩弄權術，陷害忠良，篡權奪利之時，

1 今第一人民醫院 2 號樓附近。

2 今縣學街實驗中學周邊。

宗達為人正直，調劑寬嚴間，裨益殊多，然難展才華，內心之憤，難以言表。崇禎八年（1635）五月，終因積勞成疾，累疏乞歸。歸鄉不久便謝世，謚文端。

吳宗達酷愛詩書，為人剛直不阿，生前酷愛詩詞創作，其一首《前調》被《四庫全書》收錄。《涣亭存稿》為吳宗達遺著，由其子吳職思校刊，常州摯友張瑋撰序云：「先生獨謹嚴正大，不恃豪縱之氣，而特砥其流；不矜追琢之容，而特裁其體；不務恢奇之槩，而特安定其詞。正如立廟堂之上，冠冕佩玉，雍榮委蛇，未嘗以動聲色。」

崇禎三年至七年，是吳宗達從政的鼎盛時期，官至東閣大學士，綠園建於這一時期的可能性較大。

綠園池館詳情不詳，根據「香月亭空眠不起」詩句分析，綠園有香月亭，吳龍見詩註也作了說明。

香月亭一名源於白居易舊時林泉，吳龍見曾遊古都洛陽，在白氏舊園見到香月亭，觸景生情，懷念曾祖父在常亦築香月亭。吳龍見在另一詩中同樣寫到香月亭：

憶昔黃扉歸老時，一亭香月相追隨。
梅花深處供吟嘯，溫樹無言世莫知。

至於為何取名「香月」，有待考證。香月本是一種花卉，一名青香白，產自山東菏澤。花白色，皇冠型，有時呈荷花型。植株較高，葉柄長，花瓣大，內瓣卷，質薄軟，花期長達 12 天左右。

綠園主廳為綠野堂，吳龍見詩有「聞道初開綠野堂」句，綠園得名疑與綠野堂有關。

綠園或有一亭曰渙亭，吳宗達《存稿》以「渙亭」取名，寓意深刻。渙亭者，意謂渙然冰釋，以表達將一切疑慮、誤會、隔閡像冰雪消融一般。晉代杜預《〈春秋左氏傳〉序》有「若江海之浸，膏澤之潤，渙然冰釋，怡然理順，然後為得也」句。渙亭亦指朝廷發佈詔令之所，即內閣辦公處，吳宗達官至東閣大學士、文淵閣大學士等，自取渙亭，當之無愧。

晉江蔣德璟[1]為《渙亭存稿》作序：「渙之解者，公體備上智，學本六經，出其緒徐，舂容大雅，渙稱光大，其在斯乎。」又云：「《易》曰渙其群元，吉蘇明允，直以絕朋黨解之。不知渙之妙義，在乎風行水上，惟風無我，惟水無人，風與水遇，而人我忘，則群不渙而自渙矣，豈待絕哉！嗟呼！非公其孰能渙之哉！」吳龍見在《將進酒》詩賦中有「渙亭無地培松筠」句。不過，姑蘇沈德潛[2]《歸愚記》將「渙亭」誤指在青山莊，為此，吳龍見作了勘誤。

綠園內有戲樓，吳位思居住綠園時，喜歡唱戲、看戲，常

1 蔣德璟（1593 － 1646），字中葆，號八公，又號若柳，明泉州晉江福全人，天啟二年（1622）進士，初授翰林院編修，官至禮部尚書兼東閣大學士。著有《西方問答》《天圓說》《天問略》。

2 沈德潛（1673～1769），字確士，號歸愚，蘇州長洲人，乾隆四年（1739）進士，曾任內閣學士兼禮部侍郎，終年九十七歲，贈太子太師。為葉燮門人，其詩多歌功頌德之作。著有《沈歸愚詩文全集》等。

常與鄭鄤等人聚會於園。吳位思與鄭鄤是表親，綠園與鄭鄤頗園（原吳氏天真園）僅隔一條白雲溪。《江蘇戲曲志》有這樣一段記載，可以引證綠園唱曲之事：「嗜愛北曲的鄭鄤，為留存北曲之劇目及劇譜，於崇禎六年訪遍北曲之老伶工，點定《北西廂記》《北西遊記》《幽閨記》《琵琶記》《還魂記》等北曲之劇曲，編為《曲選》刊印。」

有一次，吳位思曾以父親吳宗達名義，動用縣衙官船運輸戲具，後被吳宗達知道，吳宗達便寫信給武進知縣，告之「不許濫用官船」，制止此類事情發生，甚至告誡：以後官船不許停靠白雲渡口。此事在吳宗達《渙亭存稿》中見載。

綠園大約 3～5 畝，內部營建不詳，而吳宗達《滿庭芳》詞或是綠園之寫照，收錄於《四庫全書》：

蕉長青箋，筍抽斑管，悶懷欲寫無多。鸞台鳳閣，心事久蹉跎。小搆數篆茅屋，但傍取千頃澄波。扁舟繫，酒筒茶灶，隨意泊煙蘿。　知音三兩客，朝朝暮暮，百遍相過。判冷吟閒醉，雅謔狂歌。風雨不妨閉戶，憑欄處，嫩蕊柔柯。君知否，才情標格，千載憶東坡。

詞意雖顯蒼涼，表達吳宗達鬱悶憤懣和懷才不遇的複雜心情，但從詞中得知，綠園為吳宗達城中園墅，園外雲溪碧波蕩漾，岸邊繫有一葉扁舟，屋內壘砌茶灶，園中又小構數椽茅屋，又見「蕉長青箋，筍抽斑管」，一派雲溪風光。詞中還提到蘇東坡，「才情標格，千載憶東坡」。綠園與東坡寓居地（孫氏館）一河之隔，孫氏館在雲溪之南，綠園在雲溪之北，吳宗達身居綠園，想到數百年前的坡翁蘇軾，感同身受，思緒萬千。綠園最著名的是園中疊石，尤以蛟龍、雛鳳、飛鞏、訓象最著。吳宗達《庭前疊石為山肖像成詠因得四絕》：

蛟龍

衹因羞蠖屈，甘自作泥蟠。
一夕風雷起，誰能仰面看？

雛鳳

覽德翔千仞，人間想羽衣。
那知丹穴裏，更有一毛奇。

飛鞏

短翮何能遠，驚飛不憚勞。
稻粱那足戀，恐有御如皋。

訓象

猶憶趨雙闕，疏星逐隊來。
衰羸今放免，庭際獨徘徊。

吳宗達生有五子二女，長子職思，崇禎十二年（1639）己卯副榜，恩蔭中書舍人，柳州融縣知縣；次子位思，因愛曲唱戲，居家未仕；三子任思，官至瓊州府通判，欽州知府；四子名思，官至刑部湖廣司主事；五子寵思，庠生。綠園由次子位思居住。

如此綠園，清中一場大火，將吳氏庭院毀於一旦。《吳氏宗譜‧書吳古年先生行狀後》載：「聞吳氏樓居失火，一切什物盡成焦土。始知先生行誼不容泯沒，而盈虛消息之理未可聚窺。向使吳氏不賣書，則行狀化為烏有，而後之人無所考據矣。」行狀所云吳古年即吳宗達長子吳職思，「吳氏樓居失火，一切什物盡成焦土」，說明宅第在這次大火中「盡成焦土」。吳龍見《薜帷文鈔》也屢次提到綠園，其中《先文端公祠槐柏用懷麓堂集韻》六首，皆寫綠園之興衰，其中云：

雲溪門第餘喬木，殘破園林猶號綠。
閒庭樹柏復樹槐，清陰卻覆三重屋。

此詩是說吳氏宅第在雲溪，宅有林泉名綠園。園林雖殘，林木尚存，庭院寂靜，柏槐陰森，尚有三重屋宇，掩隱綠蔭叢中。吳龍見生活於清雍正、乾隆年間，吳龍見言「殘破園林猶號綠」，說明此時綠園已經破殘，屋宇僅剩少數幾間。

吳龍見《薜帷文鈔》還有四首描寫家園劫後餘生的詩：

一

由來植物因人瑞，雨露重沾識天意。
積翠長留舞鶴枝，排空幻作蟠虯勢。

二

聞道初開綠野堂，疏梧修竹森成行。
滄桑歷劫悲中棄，東陵瓜蔓空炎涼。

三

蘋藻春秋奠祖廟，祠官異代還同調。

拙宦須辭古柏台，才名孰應三槐兆。

四

移根植此本山家，樹猶如此人堪嗟。

百年料得高千尺，長待幾筵度歲華。

晚清，綠園舊址開辦雲溪義塾，民國時期改稱育志小學，並遷至新坊橋，改名新坊橋小學。新中國成立後，雲溪義塾舊址重辦白雲渡小學。20 世紀 60 年代尚存牆門及部分殘屋。隨着常州第一人民醫院不斷擴展，日新街一帶相繼改造；20 世紀 70 年代，白雲溪被填，白雲渡被湮，綠園遺跡最終消失得無影無蹤，唯有吳宗達《渙亭存稿》經吳氏後人吳君貽及朱雋先生點校整理出版，重新流傳於世。

來鶴莊

喬松邀鶴鶴可呼

來鶴莊又稱蒼梧別業，位於武進縣一個叫青墩的地方。

武進境內名曰青墩者有多處：一是城東南新塘鄉之青墩，今屬武進區雪堰鎮；二是城東政成鄉之青墩，且分前青墩，後青墩，今隸武進區橫林鎮；三是城北豐西鄉之青墩，今歸天寧區青龍街道。清《光緒武進陽湖合志・古跡》:「青墩在新塘鄉，墩有二：一為唐初梁王墓，大可八畝，為前青墩；一為沈法興墓，大可二畝。在豐西鄉，本名稱墩，相傳稱土蒸而封之，音相近，故訛化青墩，鄭光祿梓[1]有詩。」《橫林鎮志・古跡》又載:「青墩在橫林張村，據舊仙志記載：青墩為二，一是唐初梁王之墓，墩高八米，東西長八十餘米，南北寬六十米。」

1 鄭梓，字伯良，號野洲，南直隸常州武進人太學生，任光祿寺錄事。「性耽風雅，有山水詩酒之癖，著《香玉齋集》行世。」久居北京。事迹載於《橫林鄭氏宗譜》卷七（歷代世表）。

清《光緒武進陽湖合志》關於青墩記載，前後矛盾：梁王即沈法興，沈法興即梁王，前青墩葬梁王，後青墩葬沈法興，二者本為一人，舊志卻分別記載。歷史事實是：大業十四年（618），禁衞軍兵變，殺隋煬帝，擁宇文化及為大丞相，宇文化及後率軍北歸，被李密擊敗，退走魏縣，自立為帝。而沈法興以誅討宇文化及為名，擁兵六萬，佔據長江以南十餘郡。武德二年（619），自稱梁王，建都毗陵。次年（620），李子通渡江佔領京口，沈法興遂棄毗陵，投奔吳郡。後杜伏威使輔公祏以精卒數千人討伐李子通。李子通被杜伏威擊敗後，東走太湖，又組織武裝，襲擊沈法興。沈法興大敗棄城，率數百人投靠聞人遂安，聞人遂安派遣部將李孝辯前去迎接。沈法興途中後悔，預謀殺李，卻在會稽（吳郡）被識破。李孝辯發兵將其包圍，沈法興走投無路，投江自殺，葬於毗陵青墩。

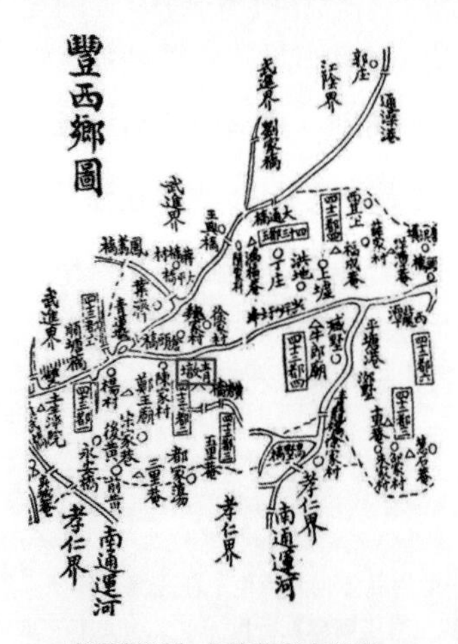

＊ 青墩附近為來鶴莊所在位置

關於梁王沈法興之事，本與來鶴莊無關，但清志言及青墩，言及沈法興，來鶴莊又與青墩有關，因此有必要作一說明。

來鶴莊究竟位於政成鄉，還是新塘鄉，或豐西鄉？據考，來鶴莊（蒼梧別業）所在青墩，是位於城北豐西鄉的青墩（今青龍街道青鋒村），而非政成鄉，更非新塘鄉。數年前，筆者曾參與青龍街道勤豐村《青墩毛氏宗譜》發譜儀式，宗譜封面「青墩」二字赫然在目。筆者又經考察，「青墩」是周邊地區的一個統稱，來鶴莊並不建在青墩之側，確切位置在永寧北路青鋒村塘內自然村（鄉人稱塘塘里），相距「青墩」大約 600 米。2010 年前後，塘內村拆除，新建景秀世家居民社區，村民為記住鄉愁，2015 年 10 月，特意在村莊原址豎立村碑，上面刻有「古名來鶴莊 —— 塘內村」八個大字。來鶴莊遺址終於真相大白。

關於來鶴莊，地方舊志文字記載甚少，僅見清《光緒武進陽湖合志．古跡》：「來鶴莊，亦吳氏園，今廢。」寥寥數語。

李兆洛《復園記》曾提及來鶴莊：「吾鄉明中葉以後，頗有園榭之盛，如吳氏之來鶴莊、蒹葭莊、青山莊，國初則楊氏之楊園，陳氏之陳園，類為裙屐所集。來鶴、蒹葭早廢，楊園、陳園予幼時尚得見之，亦且頹圮矣。」李兆洛生活於嘉慶、道光年間，說明在李兆洛在世時「吳氏之來鶴莊」已廢。清代湯健業《毗陵見聞錄》也說到來鶴莊：「郡城內有名園四：城東北隅為楊園，北郊為青山莊，小南門外為蒹葭、來鶴莊，皆前明北渠吳氏別墅。」不過，《毗陵見聞錄》所云地點有誤，湯健業說來鶴莊在小南門（廣化門）外，實際上來鶴莊在小北門（中山門）外，南轅北轍，與事實不符。

關於青墩蒼梧別業、來鶴莊，《光緒武陽志餘》的記載比《光緒武進陽湖合志》略為詳細：《光緒武陽志餘（豐西鄉）．古跡》：「青墩，相傳為沈法興墓，明季董舜民即其地，築蒼梧別業，吳梅鼎[1]有《青墩賦》。國朝董元愷移居青墩，和錢牧齋[2]韻二首：環堵蕭然一畝宮，畦桑隴麥各西東。休將得失評蕉鹿，且樂琴書賦蓼蟲。拾翠每攜嬌女伴，開樽時許老妻同。花開花落渾閒事，好寄高懷明月中。岸幘青山嫩曳裾，力田衣食取贏餘。一生自蠟陳留屐，三徑時乘彭澤車。課僕雨鋤耕後草，呼童塵掩讀殘書。柴門寂寂無人到，箕踞從教禮法疏。」《光緒武陽志餘．古跡》:「來鶴莊在青墩。明季吳玉衡、玉銘別業。後屬董舜民，尋又易張姓。國朝吳御史龍見凝兒侍遊來鶴莊看梅，用坡公韻：喬松邀鶴鶴可呼，家園咫尺城東隅。鶴翔松古梅亦老，遙指三山在有無……君不見鶴去兮鶴還來，何必扁舟西子湖。」又見《北渠吳氏宗譜．祠墓》:「吳恭思葬北門外來鶴莊前。」以上信息說明來鶴莊在北門外豐西鄉青墩，確實無疑。

來鶴莊為晚明吳玉衡、吳玉銘兄弟別業。《北渠吳氏宗譜》記載與《光緒武陽志餘》略有不同，宗譜云：吳玉銘為長子，吳玉衡為次子。吳氏別業取名「來鶴」，與吳性長子吳誠「夭折化鶴」有關。吳氏兄弟在園蓄養白鶴，放鶴、召鶴其間。

1 吳梅鼎（1631 — 1700），原名雯，字天篆，常州府宜興人，文學家，工書善山水、翎毛，與兄天石並稱。其《陽羨茗壺賦》亦名噪一時。

2 錢謙益（1582 — 1664），字受之，號牧齋，晚號蒙叟、東澗老人，學者稱虞山先生。清初詩壇盟主之一。蘇州府常熟（今張家港鹿苑奚浦）人。

吳玉銘（約 1620－1644），名守棟，字秉玉，號玉銘，常州武進人，諸生，能詩，好交友，散財結客甚多。曾撰《吳秉玉詩集》，佚。順治二年，清入主京師，吳玉銘為前朝殉節，年二十五歲。道光年間，曾奉旨旌表。

吳玉衡（生卒待考），名守楗，字建六，號玉衡，常州武進人，諸生。吳玉銘、吳玉衡為宜興北渠吳氏後裔，即吳中行曾孫，吳亮孫。吳亮與本邑錢春為萬曆二十九年（1601）同科進士，錢春曾任南京戶部尚書，其一女嫁於吳亮三子吳恭思。

根據吳玉銘、吳玉衡的生卒分析，來鶴莊不可能是玉銘、玉衡兄弟所築，而是由父親吳恭思所構，吳氏兄弟生活其中而已。洗馬橋在小北門（和政門）內，相距青墩大約 5 里。吳龍見詩句故稱「喬松邀鶴鶴可呼，家園咫尺城東闔」。

明清鼎革後，不知何因，來鶴莊歸屬董舜民所有，董氏在來鶴莊舊址改為蒼梧別業，吳氏轉讓來鶴莊的時間大約在乾隆年間。《北渠吳氏宗譜》載：乾隆丙子年（1756），吳玉銘子霞立、孫端為葬於來鶴莊前，嘉慶時，玉銘後人皆葬金壇，說明在嘉慶時此地已歸董氏所有。這裏有必要介紹三位與來鶴莊（蒼梧別業）有關的人物（按：吳、董兩家為姻親。吳見思娶浙江布政使董承詔女為妻；董承詔長子文驥娶吳襄女為妻。可謂換親。詳見武進《董氏家乘》）

董舜民（1635－1687），名元愷，字子康，號蒼梧，「毗陵四家」董以寧弟，常州武進人。少年即有文名，順治十七年（1660）中舉，次年因「奏銷案」被剝奪功名，懷才不遇，遠遊各地，寄情山水。後遠遊歸來，得吳氏舊園，移居青墩，改築別業，取名「蒼梧」。董氏詞集取名《蒼梧詞》緣於此。詞作往往表達慷慨悲歌、萬端心曲，王士禎稱之「才子蒼梧怨」。董舜民在世時，與陳玉璂、邵長蘅等交往甚密，與宜興陳維崧也有唱和之作。

吳龍見（1694－1773），字恂士，一字惺士，又字薜帷，東閣大學士吳宗達曾孫，常州府武進人，雍正十三年（1735）舉博學鴻詞科，乾隆元年（1736）進士，歷官直隸武強知縣、獻縣知縣。乾隆十五年升刑部湖廣司主事、刑部陜西司郎中、官終山西道監察御史。有《薜帷文鈔》14 卷。吳龍見與吳玉衡、吳玉銘為堂房兄弟，故在清中踏訪來鶴莊。

吳龍見《二十八日凝兒侍遊來鶴莊看梅，用坡公韻》：

喬松邀鶴鶴可呼，家園咫尺城東隅。
鶴翔松古梅亦老，遙指三山在有無。
呼兒尋春舊遊地，瀟灑散步揮輿夫。
此日風暖裘可脫，溪橋曲處須兒扶。
長安久客風土異，綠波照見霜髭鬚。
王衡當年愛髮膚，有蕨不採儒非迂。
玉銘吟嘯堪伯仲，兩翁風骨眉山蘇。
竹柏之間梅幾株，一顰一笑傾城姝。
紫綸古閣尚憑眺，今昔雖殊吾故吾。
君不見鶴去兮鶴還來，何必扁舟西子湖。

董舜民得到來鶴莊後，填詞一首《沁園春‧青墩竹》：

十畝溪流，綠竹千竿，環繞孤村。看抽梢挺節，漪漪臨水，和煙滴露，冉冉凌雲。聲拂琴埃，色侵書帙，一日何堪無此君。開三徑，待七賢六逸，風月平分。　檀欒清影繽紛，聽昨夜驚雷迸蘚痕。正半脫錦綳，根添鳳尾，新塗粉節，籜解龍孫。上番須留，玉肌細劈，鮭菜盤中佐酒樽。深林外，任平安日報，密掩柴門。

董舜民《蒼梧詞》又有《臨江仙‧半圃》：

半捲半垂簾幕，半村半郭人家。半開半落野堂花。半床堆古畫，半碗試新茶。　半樹老藤桃夭矯，半間老屋橫斜。平分春半半春華，半樽平醒醉，半枕平生涯。

根據董舜民《沁園春‧青墩竹》《臨江仙‧半圃》詞可以得知，來鶴莊（蒼梧別業）或稱半圃，園主人自謙僅是半樹老藤，半間老屋，半村半郭人家，半枕平生涯。

來鶴莊面積大約在10畝左右，「十畝溪流，綠竹千竿，環繞孤村」就是蒼梧別業的真實寫照。而錢牧齋所謂「環堵蕭然一畝宮」，並非董氏別業僅有一畝大，詩人是取《禮記‧儒行》：「儒有一畝之宮，環堵之室，蓽門圭窬，篷戶甕牖。」後來以「一畝宮」稱之寒士簡陋居所，董元愷顯然是借典謙稱而已。

按舊志所說，來鶴莊最早為吳玉衡、吳玉銘別業，後來歸屬董舜民，又易張姓，最終歸屬於誰？待考，也可能復歸於吳氏後人。乾隆年間，來鶴莊尚在，吳龍見曾來這裏賞梅，並賦詩一首。按詩中描繪：這裏曲池環繞，周邊與農田相毗，所謂「畦桑隴麥各西東」。吳龍見《來鶴莊》詩與董舜民《青墩竹》詞描繪基本一致。園中亭台樓閣雖無描述，但林泉景色可見一斑：這裏有高大松樹，松間白鶴翩翩起舞；又有古梅一片，疏影橫斜，水色清淺。啟窗北瞰，三山在望；舉目遙指，白鶴可邀。山莊可比林和靖西湖之孤山。當年林逋隱逸孤山，終身不仕不娶，植梅養鶴，自謂「以梅為妻，以鶴為子」，吳龍見故云「吾君不見鶴去兮鶴還來，何必扁舟西子湖」。

不知何因，來鶴莊早廢。查《光緒武進陽湖・陵墓》：「董知府思駉墓在陽湖永豐西鄉來鶴莊後。」這一記載說明兩點：一是來鶴莊在永豐西鄉明確無誤；二是來鶴莊時為董氏所有，與清志「國朝，董元愷移居青墩」記載基本一致。

董思駉（1746－1798），字惠壽，號心枚，其母為邑中著名詩人莊德芬[1]。思駉七歲能詩，弱冠補博士弟子員，與趙懷玉、洪亮吉等齊名，蔣和寧稱其有國士之目。乾隆五十四年（1789）進士，官至潯州知府。董思駉卒於嘉慶三年（1798），葬來鶴莊。

1 莊德芬，字端人，吳縣人，清女詩人。適武進董氏，中歲喪夫，撫孤以成。其詩《示兒》成為千古絕唱：「范相未遇時，帳中盈煙跡。貴盛相門兒，貧賤無家客。青雲與泥塗，勤苦同一轍。志學抱堅心，豈為境所易。」著《晚翠軒遺稿》，管世銘作序云：「於感逝受遺，銜辛茹蘗，觸緒紛來，而音節蒼涼，詞意淒惻，古人何以過？尤可異者，慘沮之中，絕無衰颯氣。」

來鶴莊鶴園、鶴圃雖廢，而吳性子孫且與鶴始終有緣，明湖廣左布政吳元曾孫吳志立、吳永言撰集《憩鶴亭稾》，清《吳氏翰墨志》有載。晚清夫椒吳夢青為之刪訂。

豐西鄉青墩遺址保存至 20 世紀 90 年代，面積大約 10 畝，南臨橫塘浜，後近毛家塘。由於墩高土厚，附近村民砌房造屋、修橋鋪路，皆取青墩之土，久而久之，青墩夷為平地。1994 年，某房屋開發公司在此新建翠苑居民小區，青墩被徹底剷除，遺址當在新堂路南側。

滄浜園

竹樹雜映，與魚鳥共之

滄浜園位於宜興城東南滄浜，由濟美堂吳氏四世孫吳經創建。

所謂滄浜，是城中太滆運河的一條溝浜，至今已經淤塞為田。查閱 1983 年《宜興縣地名錄》：滄浜時屬宜城鎮蔬菜大隊，滄浜以船隻能撐至小河浜得名。倉、撐諧音。民國《宜荊吳氏宗譜》載：滄浜吳氏分支為明代南京翰林院侍讀學士吳經（吳儼）後裔。

吳經（1434－1509），字大常，吳玉之子，吳儼之父。因生活儉樸，自奉甚薄，號味菜。明靳貴撰《封南京翰林院侍讀學士味菜吳公墓志銘》[1] 曰：吳經

1 靳貴（1464～1520），字充道，號戒庵，鎮江丹徒（今江蘇）人。明孝宗弘治三年（1490）庚戌科錢福榜進士第三人。官至禮部尚書。賜祭葬如制，贈太傅，諡文僖。著有《戒庵文集》二十卷。《封南京翰林院侍讀學士味榮吳公墓誌銘》錄自《戒庵文集》。

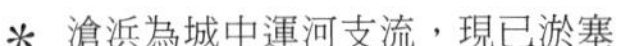

* 滄浜為城中運河支流，現已淤塞　　* 滄浜巷

「世為宜興巨族，曾祖德明，妣周氏；祖以中，贈戶部員外郎，妣湯氏，贈宜人；父玉，戶部員外郎，妣徐氏，封宜人。戶部公質直，而文人推長者，公其仲子也。幼以穎敏，為戶部公所篤愛，遣授《尚書》於莆田顧孟喬氏，甚器重焉。太師徐文靖公時為編修，見而喜曰：『此吾鄉逸少也。』遂以女妻之。比歸入縣學，名益起，然每試場屋輒不偶，既而克翁公以所講授者登進士甲科，官翰林，公始充貢。有又有勸其留太學以俟用者，公曰：『吾不可一面吾君。』事已即歸，八十，公年亦六十，朝夕侍側承喜，戲綵若嬰兒然，徐孺人悅視公亦若嬰兒然者，忘其年之老也……公以子貴，再封至今官，壽七十有五。配徐氏，贈少師兼太子太師、吏部尚書謹身殿大學士之女，即文靖公女弟也。繼許氏，春坊贊善之孫女，皆先卒，子三：長儼，即克溫，翰林院侍讀學士，以文學行誼聞於世；次儉，許出，太學生；次儔（側室潘氏所生）……」

從《味菜吳公墓誌銘》得知，吳經幼以穎敏，受到父親鍾愛，又送於莆田顧孟喬門下，授以《尚書》，成年娶徐溥女為妻，被岳父稱為「吾鄉逸少」。

滄浜園為吳氏園林故址，明王世貞《振始堂記》[1] 有載:「陽羨之甲族，毋逾吳者。吳之先，有味菜公，以經術顯名，嘗筑室東溪之上，讀書而樂之，署曰『滄浜』。……今夫滄浜者，吳下一別業耳，其邱壑之勝，味菜公父子擅之幾五十年，已非有長安弈棋之歡。而詹簿君慨然能復之於既失，又能大新其故，以昭先王父與厥考之業，心慰其思於九原，公瑕之所以名『振始』者，豈誣也哉！余故不辭而記之，使刻之石，以示君之子孫曰『堂之中乙帳，其左右丙舍，池鳥花樹，曰某某，先味菜公之所手創也，某某詹簿君之手拓也。取銅官之山以為表，世世稱吳氏物，不亦快哉！』」可見滄浜園由吳經曾祖吳德明、祖父吳以中建。吳經為承先祖基業，在此構建振始堂、葆真堂、攬秀樓等。吳經傍田治圃為景，池前疊山攬秀，堂後鑿池涵月，始成鏡像。王世貞《振始堂記》曰：「……崇堂其上，宏麗逾於曩時，周山人公瑕大書，匾之，曰『振始』。傍畝益拓治圃，其左有堂，仿振世而小，匾之曰『葆真』。堂後鑿池，種紅白茄，累石為山，竹樹雜映，與魚鳥共之。別構一樓曰『攬秀』，以承銅官山之勝，煙巒出沒百態。樓之前砌石台，台之下有池，與東溪通。憑欄而坐，則風帆沙鳥，歷歷在目。詹簿君間從客觴詠其中，甚樂也，已而歎

1 王世貞（1526 年－ 1590 年），字元美，號鳳洲，又號弇州山人，太倉（今江蘇太倉）人，明代文學家、史學家。「後七子」領袖之一。官刑部主事，累官刑部尚書，移疾歸，卒贈太子少保。著有《弇州山人四部稿》《弇山堂別集》《藝苑卮言》《觚不觚錄》等。《振世堂記》錄自《弇州續稿》卷八。

曰：『公瑕之所以名堂，固有指也。』具其事，囑世貞，俾專為堂記。」

根據《振世堂記》解讀：葆真堂位於庭院之左，振世堂位於庭院之右，「振世」大於「葆真」。曲池與東溪相通，東溪者，即東氿之水道。宜興因近太湖，南山故產湖石，園主人取本地湖石疊成假山，一池一水，一丘一壑，竹樹雜映，魚鳥共棲。

滄浜園最為風光的是園中的攬秀樓，憑欄可觀笠澤風帆，倚樓又覓氿湖沙鷗，「銅棺」之勝，煙巒百態，歷歷在目。

「銅棺」今名「銅官」，原名君山。宋《咸淳毗陵志·山川》曰：「君山在縣南三十里，舊名荊南。山高二百三十仞，麓周八十五里。《風土記》云：東漢袁屺為陽羨長，逆知水旱，每言歿當為神，後無疾而終。一夕風雨晦暝，亡其棺，邑人夜聞此山有數千人聲，旦亟往視，棺在焉。走白縣，吏民群至，則棺已瘞藏，惟見石塚、石壇，旁有竹枝如馬鬃，搖晃壇塚。遂神之，為立祠，俗名銅棺山。」攬秀樓中，文士騷客當然會一次次議論「銅棺」之來歷。

* 滄浜村

滄浜園是吳經的頤養之所，新創別業於故園，有個中原因，吳經《示園丁》詩道出主人當時之心境：

為我先葺養老資，青青雙鬢欲改絲。
賞花壯日心猶在，抱翁當年力已衰。
園小不宜遺地力，春深切勿後天時。
綠蔭如幄花如錦，應共嘉賓醉玉巵。

滄浜園不知毀於何時，吳經去世後，兒子吳駕曾將此園售於他姓，後被吳馭贖回。陽羨詞人萬錦雯[1]數次到過滄浜園，曾填賀新郎詞《又過城南廢園》，此時林泉，已是一片蕭條：

四壁堆荒瓦。是當年、遺基剩址，凌雲之廈。一自風流銷散後，無復詩壇酒社。但景物、依然瀟灑。短白長紅新刺眼，問野花、爛熳誰栽者。人不到，自開謝。　唾壺敲缺悲歌罷。歎人間、繁華能幾，真如傳舍。多少王侯羅第宅，盡入漁樵閒話。算只有、青山非借。我欲支頤看爽氣，又日之久，夕矣牛羊下。空徙倚，意難寫。

而今，太滆之水流淌依然，滄浜故園卻消失久矣。故園舊地雖建滄浜新村，但仍存滄浜舊村，成為名副其實的城中村，房屋大部由外地人賃居，村中不知是否還有吳經後裔，尚待考證。

1 萬錦雯（1625－1696），字雲黻，號懷蓼，宜興人，陽羨詞派詞人。順治十二年（1655）進士。初任浙江於潛縣知縣，左遷山西洪洞縣縣丞，又署汾西猗氏縣縣事，升直隸廣宗縣知縣，例升中書科中書舍人，不就，致仕歸里。著有《深柳堂文集》。

城隅草堂

小園

天真園

止園全景

止園大慈悲閣

止園

蒹葭莊

蒹葭莊（宜興）

東第園

來鶴莊

滄浜園

鶴園

青山莊

綠園

漁樂別業

石亭山房

樵隱別業

滄溪別墅

五橋莊

雲起樓

鶴園

子莊

蘭墅

劍泉別墅

愚池

適園

樵隱別業

人憶荊溪上，茶來穀雨前

清《嘉慶重刊宜興縣志・隱逸》卷八：「吳綸，字大本，性耽高尚，創別墅二於溪山間，南曰樵隱，北曰漁樂，逍遙其中，自擬陶潛，號心遠居士。」這裏所說的「樵隱」即吳綸創建的樵隱別業。

樵隱別業又稱「南山樵隱」，位於宜興南山，由吳經弟弟吳綸創建。南山者，宜興君山也，今稱銅官山。明夏言[2]《桂洲詩集》有《賦得金砂泉壽吳克學乃尊》一詩，其中有「吾聞敷金嶺，下有金砂

2 夏言（1482－1548），字公謹，江西貴溪人。明正德十二年（1517）進士，初任兵科給事中，以正直敢言自負。世宗繼位，疏陳武宗朝弊政，受帝賞識。豪邁強直，縱橫辯博，受寵升至禮部尚書兼武英殿大學士，入參機務，不久又擢為首輔。嘉靖二十七年議收復河套事，被棄市死。其詩文宏整，又以詞曲擅名。有《桂洲集》。

泉」「何人築室清泉上，晉陵高士心遠翁」句。吳綸所創「樵隱」和「漁樂」兩所別墅早已不知所蹤，但依據以上兩首詩的描述，可以肯定，「樵隱」就坐落在宜興金砂泉旁。金沙泉又稱玉女泉，在宜興湖父附近金沙寺向北張公洞附近的玉女潭；「漁樂」則在西溪（西氿）邊。

樵隱別業規模宏大，環境優美，有明一代，羅玘《送吳先生歸宜興序》[1] 云：「吾心遠先生有田百畝，山百峰，園以畦計，泉池以泓計者稱是，樹株千計，竹荻葦數千，牛羊蹄千，僮指千。」「田百畝，山百峰，園以畦計」，此語可見「南山樵隱」規模甚大，非同一般。當然，吳綸除南山樵隱別業，還有西溪漁樂別業等。

樵隱別業構建的時間為明弘治十四年（1501），武進徐問 [2] 撰《吳公心遠先生墓誌銘》曰：「宜興山水，邑東連吳會，南界苕霅，公（吳綸）年六十，斷去家務，創二別墅，枕巖帶渡，曰南山樵隱，曰西溪漁樂。晚更於溪上，建心遠堂，遂因以為號。」

吳經對弟弟吳綸構築樵隱別業一事也有記錄 [3]：「吾弟樵南

1 羅玘（1447－1519），字景鳴，號圭峰，江西南城人。明中葉著名學者、文學家。成化二十三年（14867）進士，被選為庶吉士，授翰林院編修，進侍讀。著有《圭峰文集》18 卷，《續集》14 卷，《類說》2 卷及《圭峰奏議》等。《送吳生歸宜興序》錄自《圭峰文集》。

2 徐問（1480－1550），字用中，號養齋。常州武進人，理學家。弘治十五年（1502）進士，官至南京戶部尚書。二十四年辭官歸里，卒於家，諡莊裕。著有《讀書劄記》8 卷，《小山堂外紀》《山堂萃稿》《養齋集》《徐尚書集》等。《吳公心遠先生墓誌銘》錄自《養齋集》。

3 「吾弟樵南山，歸漁隱」語見羅玘《圭峰集》卷八《送吳先生歸宜興序》。

山，歸漁隱，穿虎豹麋鹿之群，探蛟鱷黿鱉之宮，味津津，日落不足，蓋往返者焉。」

吳綸（1441－1522），字大本，號心遠，吳玉次子，以子吳仕顯貴而封禮部員外郎一職。明《萬曆宜興縣志》：吳綸「自垂髫時形瞿神異比常，不樂仕進，雅志山水，日與騷人墨士往來唱酬，於其中有陶然自得之趣。性喜茶，於名泉異荈，悉遠致而品嘗之。焚香靜坐一室，或讀太史公傳，頌陶靖節詩，或臨寫唐子西山靜似太古章，然趙松雪筆法，人爭得之。秋和春爽，載筆床茶灶，隨以一鶴一鹿，遨遊於武林吳苑間。時身拜迤恩，而葛巾野服逍遙如故，人望之皆指為神仙也。寄號心遠，壽躋八十有三。」

南山是宜興城南諸山的統稱，據考，吳綸樵隱別業所在地疑在南嶽山一帶，即銅官山北面。南宋《咸淳毗陵志・山水》載：「南嶽山在西南二十五里，君山之北麓，有勝果寺[4]。」吳綸樵隱南山，「秋和春爽，載筆床茶灶，隨以一鶴一鹿，遨遊於武林吳苑間。」此等閒適，恰似陶潛當年之情趣。

樵隱別業是南山諸多私家園林中的其中一座，特色如何？周季琬[5]《游南山記》曰：「數問名園，無不歷覽，乃憩於吳氏之山。樓下因石為池，流水潺潺，晝夜不息，真是傲俗耳笙篁

---

4 孫晧既然封禪國山，遂禪此山為南嶽。漢武移衡山之祭於潛霍，晧取其義。

5 周季琬（1620－1668）字禹卿，號文夏。南直隸常州府宜興人。順治九年（1652）進士，官至監察御史，巡按湖南。早年文名藉甚，與同里陳維崧等交契。工詞，又擅書畫。著《夢墨軒詞》《倚聲初集》等。

也。其左則石路幽折，苔色皆古，或亭或閣，因山之性而上下焉。其右則叢花一徑，偃藤為橋，天香馥馥，染人衣襟。故當明月靜涵，萬籟俱徹，野煙未消，泉聲愈急，宜其晚也。濃露綴珠，星稀漢沒，嬌鳥向晨，碎語不歇，宜其早也。」原來這裏早宜聞鳥鳴，晚宜聽泉聲，或亭或閣，或樓或池，頗具山水之美，林泉之幽。

吳綸在山，並不寂寞，騷人墨客往來唱酬，其中不乏文徵明、沈周、費宏這樣的江南名士。沈周[1]曾長期居住宜興丁蜀，與吳經、吳綸兄弟關係密切，故而擇舍為鄰。有詩云：

地有故人堪久客，民因良吏長醇風。
移居我欲從編戶，定居蜀山煙村東。

吳綸與姑苏才子文徵明友情篤深，二人在南山期間常常切磋茶事。吳綸好茶，聞名江南，明代茶學家顧元慶[2]弱冠時曾問茶於心遠，他在《茶譜》序中這樣記載：「余嗜茗，弱冠時識吳心遠於陽羡，識過養拙於琴川，二公極於茗事者也，授余收焙點法，頗為簡易。及閱唐宋《茶譜》《茶錄》諸書，法用熟碾細羅，為末為餅，所謂小龍團，尤為珍重……」

1 沈周（1427 – 1509），字啟南，號石田，又號白石翁，蘇州長洲人，明代傑出畫家，曾寓居宜興。

2 顧元慶（1487 – 1565），字大有，號大石山人。蘇州長洲人，明藏書家，茶學家。著有《茶譜》。

震澤先生王鏊[3]與吳綸也有交往，王鏊這樣記述：「余昔過宜興，與君邂逅荊水間，陪余至善卷，還過其家。余歸吳，貽予茶爐、茶灶。又貽馴鹿一，豈以余同隱之志耶！」[4]吳綸貽予茶爐、茶灶，又貽馴鹿，可見二人交情非同一般。

宜興茶事由來已久，唐永泰初年（765），李棲筠[5]任常州刺史，在義興（今宜興）培育貢茶，時稱陽羨紫筍（晉陵紫筍）。宋《咸淳毗陵志》卷二十七載：「垂腳、啄木二陵在縣南，唐遇春貢，湖、常二守會境上，白樂天詩云：盤下中分兩州界，燈前合作一家春。」又載：「茶舍在罨畫溪上，去湖洑一里。李棲筠為州，有僧獻佳茗，陸羽以為芬香冠絕他境，可供尚方，始貢萬兩，置舍洞靈觀。韋夏卿徙茲地。盧仝詩云：『太子須嘗陽羨茶，百草不敢先開花。』李益云：『顧渚吳磎踏成道，石焙急成山日燥。』」文徵明對晉陵貢茶（陽羨紫筍）倍感興趣，大為欣賞。

文徵明離開宜興後，吳綸數次寄茶至姑蘇，為此，文徵明作《謝宜興吳大本寄茶》詩表達謝意：

3 王鏊（1450 — 1524），字濟之，號守溪，晚號拙叟，學者稱震澤先生，蘇州吳縣人。明代名臣、文學家。成化十一年進士，授編修，弘治時歷侍講學士，充講官，擢吏部右侍郎，正德初進戶部尚書、文淵閣大學士。有《姑蘇志》《震澤集》《震澤長語》傳世。

4 《封奉直大夫禮部員外郎心遠君墓表》錄自民國《荊宜吳氏宗譜》。

5 李棲筠（719~776 年），字貞一，趙郡贊皇（今河北贊皇縣）人。唐朝時期名臣，大歷年間曾任常州、蘇州等地刺史。

小印輕囊遠寄遺，故人珍重年樂題。
暖含煙雨開封潤，翠展槍旗出焙齊。
片月分明逢諫議，春風彷彿在荊溪。
松根自汲山泉煮，一洗詩腸萬斛泥。

又作《是夜酌泉試宜興吳大本所寄茶》：

醉思雪乳不解眠，活火砂瓶夜自煎。
白絹旋開陽羨月，竹符新調惠山泉。
地壚殘雪貧陶谷，破屋清風病玉川。
莫道年末塵滿腹，小窗寒夢已醒然。

無錫邵寶亦為吳綸好友，他數次到宜興，別後，吳綸同樣送以好茶，邵寶[1]作《吳封君送茶筍》詩以答謝：

人憶荊溪上，茶來穀雨前。
兩封專走僕，七盤或通仙。
露葦兼將筍，風漪已試泉。
東坡詩句在，歌罷一泠然。

1 邵寶（1460 – 1527），字國賢，號二泉，常州無錫（今無錫）人。成化甲辰進士，官至南京禮部尚書。卒謚文莊。著有《容春堂集》《東林列傳》等。《吳封君送茶筍》詩錄自民國《宜荊吳氏宗譜》。

吳綸樵隱於南山，除文徵明、邵寶與其交往外，江南其他文士也常來南山，如成化年狀元、正德間首輔費宏[2]為吳綸作《南山樵隱》詩：

襄儲金等土，襄用桂飲玉。
富者尚躬樵，樵者將安鬻。
先生甘隱輪，雅志良異俗。
南山可避世，腰斧不知辱。
聊同好鍛嵇，亦類喜書旭。
看雲時矯首，涉澗常濯足。
山中繞勝景，俯仰從心目。
回頭閱世紛，等是蕉履鹿。
當年會稽守，竟座廷尉獄。
誠諳隱居樂，豈勝老巖谷。

嘉靖朝內閣首輔蔣冕[3]也作《南山樵隱》詩：

我從城市來，入山事樵采。
十年城市幾滄桑，惟有青山長不改。

2 費宏（1468 – 1535），字子充，號健齋。又號鵝湖，江西鉛山人，明朝狀元，內閣首輔。與楊廷和、楊一清等人共治天下，深受君主、朝臣倚重，百姓稱讚。

3 蔣冕（1463 – 1532），廣西桂林全州人，明成化二十三年（1487 年）與兄蔣昇同登進士，選庶吉士。從政於弘治、正德、嘉靖三朝，官至謹身殿大學士內閣首輔。著有《湘皋集》《瓊台詩話》等。

山頭白石堪礪斧，斧聲丁丁朝又暮。
今古功名爨下薪，棋才一若柯成塵。
我斫青山誓終老，富貴浮雲何足道。

【清】周季琬《遊南山記》[1]：

乙酉春，多風雨，積寒未退，花事稍遲。一日新霽，遂邀勝友三四，載旨酒，挾洞簫，棹繇西溪，波光接天，而南山橫亙其前。晴暉浮白，不能久視，左右岸容，一洗寒色。其時梅已白頭，柳方青眼，酒簾竹舍，隱現其間，知春光正不減於昔也。艤舟蘭沚，杖策登山，數問名園，無不歷覽，乃憩於吳氏之山樓。樓下因石為池，流水潺潺，晝夜不息，真足傲俗耳笙篁也。其左則石路幽折，苔色皆古，或亭或閣，因山之性而上下焉。其右則叢花一徑，偃藤為橋，天香馥馥，染人衣襟。故當明月靜涵，萬籟俱徹，野煙未消，泉聲愈急，宜其晚也。濃露綴珠，星稀漢沒，嬌鳥向晨，碎語不歇，宜其早也。

余徘徊數過，復搴蘿登巖。巖半有嘯閣，上逼層霄，下臨千仞，俯瞻琳琅，萬杆悉出屐底，亦云曠矣。從右歷級，直躋其巔，萬態陳前，一覽皆悉。峰無重數，四面環碧，以視嘯閣，所收又如大別。古人謂一水一石，亦可會心，而況置身於高山大水間乎？因流連而不忍去。

1 《遊南山記》錄於《嘉慶增修宜興縣志・藝文志》。

漁樂別業

魚樂即我樂，相忘兩無言

漁樂別業又稱西溪漁隱，位於宜興西溪。宜興稱西溪者有兩處：一是位於城西北三十里的芳莊西溪，此水由新市經楊巷至溪梢，全長 18 公里；一是位於城西三里許的西溪，與東蠡溪合稱荊溪。漁樂別業之西溪是指後者，西溪南岸原有西溪村，筆者曾隨邑中耆老實地考察，得出的結論是：漁樂別業當在西溪村。

清乾隆年間，褚邦慶《常州賦》有「荊水中通，莫道中流塞斷」句，荊水即荊溪，褚邦慶注曰：「荊溪在縣治南二十步，貫於城中。自西溪入西關，過長橋出東關以下東溪，誠水道之咽喉也。」經考證，由於西溪與西氿、團氿、太湖溝通，故而水清魚肥。吳綸擇址西溪，構築別業，故名「漁樂」，自比嚴子陵。

又查 1983 年《宜興縣地名圖》：西溪、東溪位於西氿、團氿南岸，兩者相

＊ 遠處熱電廠範圍為當年漁樂別業（西溪村）所在地

＊ 西溪村位於西氿大橋西南側

隔里許，與褚邦慶《常州賦》西溪自注吻合。

關於漁樂別業，清《嘉慶宜興縣志》卷八作這樣記載：吳綸「創別墅二於溪山間，南曰樵隱，北曰漁樂，逍遙其中。」「北曰漁樂」即為漁樂別業所在地。

吳綸一生無意仕途，雅志山水，故仿前賢嚴子陵、陶淵明，閉門謝客，隱而不出，羅玘《送吳先生歸宜興序》有這樣一段話：「吾東西封之，歲不一見。里胥導縣官入吾舍，迎飲射於學，卒不得，怒而去者屢矣。」有例可證：羅玘與吳綸侄兒吳儼友善，聽說宜邑有此等隱士，於是專程到西溪前去拜訪，果如所料，吳綸依然不見。羅玘歎道：「噫！隱者也，吾亦俗之奔奔者耳，其可見也耶？」[1] 直到某年春天，吳綸進京，小住吳儼家，羅玘才有機會與吳綸結識。後來，羅玘在此又作《西溪漁樂說》，記述吳綸醉於漁樂一事：「舜於雷澤，尚父於渭濱，

1 見羅玘《圭峰集》卷八《送吳先生歸宜興序》。

然皆為世而起，從其大也，而樂不終。至於終其身樂之不厭，且以殉者，古今一人而已，嚴陵是也。義興吳心遠先生漁於西溪，亦樂之老已矣，無他心也。寧庵編修（吳儼）請曰：『仲父得無踵嚴之為乎？』先生曰：『吾何敢望古人哉！顧吾鄉鄰之漁於利者樂方酣，吾愚不能效也，聊以是相配然耳。』」

除羅玘寫到漁隱別業，明代蔣冕《西溪漁樂》詩亦可參考：

西溪清可愛，溪魚肥可煮。
縱教煙雨濕蓑衣，不得溪魚不歸去。
得魚換酒亦不惡，世間誰似漁家樂？
收綸舉盞坐溪頭，細數波間幾點鷗。
謾道溪鷗閒似我，我閒又樂閒較可。

費宏也作《西溪漁樂》[2]詩：

鳥飛樂雲層，魚遊樂深淵。
人情所樂者，亦若鳥魚然。
身閒寡營慮，意適無拘攣。
君與將與相，名期鼎彝鐫。
浮雲竟無用，百慮常憂煎。
東門憶逐兔，南征惑飛鳶。
所以西溪翁，獨釣西溪邊。

2 《西溪漁樂》詩錄自《費宏集》卷二。

垂綸但取適，手倦時一牽。
脫身世網外，人應呼水仙。
魚樂即我樂，相忘兩無言。

根據蔣冕「收綸舉盞坐溪頭，細數波間幾點鷗」與費宏「所以西溪翁，獨釣西溪邊」詩句分析，漁隱別業恰為吳綸所愛，主人故以「西溪翁」自居。按詩中會意，西溪不僅魚肥，且見鷗飛，沙鷗分明來自洮東氿、西氿和太湖。

吳綸後人吳本嵩[1]曾作《渡西溪將至西墟別業》詩：

舴艋知溪性，微風水不波。
鵜鶘聽處見，楊柳坐中過。
泛宅心空切，歸田話較多。
身居圖畫裏，不隱待如何？

吳本嵩（約1630－1685後），原名玉麟，字天石。陽羨詞派成員，著有《都梁詞》，已佚。父親吳洪裕（1598－1650）是明末清初著名書畫收藏家，當年家藏黄公望《富春山居圖》和隋朝僧人智永草書《千字文》。根據吳氏家境及本嵩詩意分析，漁樂別業至少在清初尚在，或存在時間更長。

漁隱別業規模、形制不詳，或有池館林泉以遊憩，或僅三楹草廬能容膝。但有一點可以肯定：吳綸在漁隱別業構建心遠

1　吳本嵩（生卒待考），字天石，常州宜興人，吳洪裕之子。有《都梁詞》一卷。

堂。顧清[2]《封禮部員外郎心遠翁墓誌銘》曰：「晚更於溪上，建心遠堂，遂因以為號。每春與秋清，扁舟布帆，夷猶徜徉，馴一鹿一鶴以自娛，見者指為元真子。」由此可知，吳綸自號心遠，取自漁隱別業之心遠堂，心遠翁的晚年也是在西溪渡過的。顧清銘曰：「我有父兄，既構既堂，我退而耕兮。我有後昆，襲華振芳，為郎為卿兮。褫我鹿裘，加之佩裳，惟皇我榮兮。棋局詩囊，茶爐筆床，我性其恒兮。南山西溪，竹塢蓮塘，何時復行兮。刻詞貞珸，黯其幽光，奕世其靈承兮。」顧清銘文，可謂吳綸一生之寫照。

2000 年後，因建設熱電廠，西溪村整體拆遷，漁隱別業舊址已在熱電廠範圍內。而今，西溪大橋溝通南北，大橋以東已建氿濱風景區，大橋以西則成為城郊工業區，歷史風貌蕩然無存。

2 顧清（1460 – 1528），字士廉，松江華亭（今上海）人，弘治六年（1493）進士，官至南京禮部尚書。卒，謚文僖。詩清新婉麗，天趣盎然。著有《東江家藏集》《松江府志》等。

石亭山房

枕流漱石真吾事

歷史上石亭山房名稱較多，先後有西亭埠、石亭埠、梅花塢、復古亭、北庵等，位於宜興城南龍背山西麓之青龍山崗。此地昔產蘇梅，枝幹奇古。唐昭宗時，宰相陸希聲曾在此賞梅，並賦《梅花塢》詩云：「凍蕊凝香雪艷新，小山深塢伴幽人。知君有意凌寒色，羞共千花一樣春。」有明一代，邑人吳仕購得此地，鑿池引水，廣植梅花，建別業而居，並築亭稱西石亭，有亭聯：「梅萼破香知臘近，柳梢含綠認春歸。」這就是著名的石亭山房，亦稱西石亭別墅。

宋《咸淳毗陵志．古跡》載：「西石亭在縣東南十五里，地產蘚梅，枝幹奇古，即蘇文忠公所謂『幽香收艾納』是也，陳克有『石亭梅花落如積』之句。」以上記載說明，歷史上的西石亭為著名賞梅勝地，「石亭梅花落如積土」出自北宋詞人陳克（字子高）《陽羨春歌》。陳克又作《好事

近·石亭探梅》詞：「尋遍石亭春，點點暮山明滅。竹外小溪深碧，倚一枝寒月。淡雲疏雨苦無情，得折便須折。醉唱風鬟歸去，有餘香愁絕。」此記載說明西石亭由來已久，吳仕不過是慕名而來。

＊ 圍牆之內為石亭埠所在地

龍背山原名紅蕩山，是銅官山向東連綿起伏的筱嶺山、龍潭山、滄浦山、梅嶺山等蜿蜒至東氿之濱十多個小山丘的總稱，2000 年前後，宜興利用城南丘陵，創建森林公園，發現地形猶如一條長長的青龍臥伏在陽羨古城南郊，加上區域內舊有青龍山、龍潭山、龍湫等，故冠以龍背山之名。

吳仕一生鍾愛林泉，先後繼承父親吳綸南山樵隱、西溪漁隱兩處別業，又營建楠木廳、石亭山房、蠡莊、五橋莊等多處園林，其中石亭山房最為著名。王世貞[1]《石亭山居記》曰：「嘉靖中，邑之賢大夫吳先生強棄其印綬歸，而邑邑於郭，居之不快。行求地至城南之五里，得一故墅而樂之⋯⋯旁有一小山，曰石亭，其高與延袤，皆不能里計⋯⋯乃益置廳宇，治丙舍為涼榭暖閣、庖湢浴室之屬，雜蒔名卉，翼以松柏篁竹。相土之

1　王世貞（1526 － 1590），字元美，號鳳洲，又號弇州山人，南直隸蘇州府太倉州人，嘉靖二十六年（1547）進士，官至湖廣按察使、廣西右布政使，鄖陽巡撫、南京刑部尚書等。明代文學家、史學家。

宜，以滋蔬苽，旁畝益拓，粳秫參之。瀦留以為魚訪，闢場以為雞豚棲。曰：『吾宮於是，飲食於是，其羨猶可以沃賓客也。』暇則扶藜杖，躡臘屐，而登所謂石亭者，則銅官、離墨、荊溪、二氿，上下之勝，一望而既之，曰：『是不必皆吾有也。庶幾哉，不皆吾目有乎！』大夫之樂之甚，至捐館舍，而即其陰，卜兆以歸焉。」

＊ 石亭山旁已為農田

＊ 龍背山森林公園

石亭山房相距城廂僅為五里，與《咸淳毗陵志・古跡》載「西石亭在縣東南十五里」有所差異。山房背靠南山，面北而坐，左有青龍山，右為白虎山。按吳氏後人描述：青龍山前有一泓小溪，跨有小石橋；橋側有一亭一埠，鄉人稱之石亭埠。移步數十武又有一亭，曰水心亭，亭前便是吳仕、吳炳墓塚。民國時期，吳仕後人每年都前來掃墓[1]。

清中，邑人萬樹曾撰《又又亭紀遊》一文，描寫石亭山房景色：「乙巳春之季，與吳君、曹君諸會於槐地，遂往遊於石亭

1 內容見 1991 年復旦大學出版社于成鯤著《吳炳與粲花》中描述。

間，少長群賢畢至，興不減蘭亭……崇山峻嶺，有茂林修竹，清流水，堪暢敍，坐其次。」石亭山房為何有許多不同名稱？這與池館的多次變遷有關。清《光緒重刊宜興縣志》:「水月庵在縣南六里石亭埠東，俗名北庵。本參政吳仕別業，名石亭山居，沈啟南、文徵明、王元美、唐荊川每過荊溪，輒寓於此。仕曾孫炳殉難粵西，後改為僧舍，無錫秦松齡題額曰燦粲花精舍。」又載:「古香庵近水月庵，即吳忠節炳古香亭址，後為庵。」

石亭山房曾有一亭名西石亭，亭聯曰:「梅萼破香知臘近；柳梢含綠認春歸。」吳仕一生酷愛此地，謝世後葬於石亭埠。山房後由子孫續為經營，勝跡再度被人關注。明萬曆年間，吳仕曾孫吳炳居住這裏，後來吳炳在抗清復明鬥爭中殉難，這裏改為僧舍，取名北庵，或曰粲花精舍。

吳仕（1481－1545），字克學，號頤山、拳石公，吳綸子。早年師從本邑學者杭淮[2]。明正德九年（1514）進士，初授戶部主事，歷任山西、福建、廣西、河南四省提學副使，後任四川布政司左參政。因憤嚴嵩專斷國政，棄官居家，吟誦不輟，閒適林泉。著《頤山詩稿》10卷，《四庫總目》傳於世。《頤山詩稿》已佚，唯吳仕《石亭歌》四十韻流傳於世：

2 杭淮（1462－1538），字東卿，南直隸常州府宜興縣人。弘治十二年（1499）進士。由主事累官中丞。廉明平恕，以志節著。常與李夢陽、徐禎卿、王守仁、陸深諸人遞相唱和。著有《雙溪集》8卷，錄入《四庫總目》行於世。

青天作障雲作屏，超然中結水心亭。
金尊細浥篔簹綠，湘簾半卷芙蓉青。
長松亭亭十萬樹，石骨累累太瘦生。
九霄使者三楚英，西來聲價何嶸崢。
黃鵠山中駕鶴仙，青虬海上釣鼇客。
五湖煙月在揮毫，寧羨區區九州伯。
一朝令下神鬼驚，長蛇封豕潛無跡。
風清日永政多暇，獨往山中訪遺逸。
石亭西隔畫溪雲，有客悠然會此心。
手舞銀潢飛百丈，臥對香爐碧萬尋。
興來獨撫綠綺琴，天風颯颯吹冠衿。
仰天長嘯復三歎，高山流水幾知音？
酒酣拔劍起欲舞，千山紅閒萬山紫。
意氣逢君豈偶然，宛奏簫韶諧角徵。
沿流俯首拾飛觴，月在珠宮天在水。
一聲殘磬萬籟凝，四顧茫茫悄無語。
支頤覓句良亦苦，不妨撚斷幾莖髭。
青驄入鞚人語亂，野燒無光林葉稀。
枕流漱石真吾事，浴日補天唯爾為。
雲山一會何由再，從此相思減帶圍。

《石亭歌》四十韻道盡吳仕在石亭山房的超然生活與隱逸之趣，故此，「枕流漱石真吾事」成為其生活的追求。（按：吳仕五律《竹坡》一首曰：「種竹東溪雨，新枝長舊叢。入簾斜弄月，拂戶細含風。不受諸塵染，相看萬慮空。如斯貧自好，何必列侯同。」可能與其園林及其隱居情感有關。）

據明代徐學謨[1]《遊石亭步記》介紹：石亭山房相距東氿一里許，沿石徑迤邐至山之石塍，塍旁綠疇如雲，塍盡有兩松夾道，數十步後即為園門。稍折而西，有重樓環矗，登樓遠望，可觀銅官、離墨諸山。庭中有數百竿修竹，高插欞檻間。樓房之後，雜卉蓊翳，幽泉西來，氣如白虹。石梁跨泉上，一亭構於傍。遂亭而右，則有澗道可至崖，人蟻集沿，流袒跣坐，各以石甓。下流數丈，流觴飲詠。其上又為陡崖，拾級而登，有屋數楹，支以甃石，俯瞰重樓，已偃然伏其下。此為石亭山房之大概。

西石亭林泉可追溯至唐宋，僖宗時，曾為宰相的陸希聲[2]見社會動盪，心中深感不安，於是歸隱義興（宜興），擇居君山之陽，築別業以自逸，自號君陽遁叟。宋葉夢得《避暑錄話》[3]：「陸希聲所隱君陽山，或曰頤山……自著《君陽山記》一卷，

1 徐學謨（1521～1593），字叔明，號太室山人，南直隸蘇州府嘉定（今屬上海）人。嘉靖二十九年進士，歷荆州知府、右副都御史，官至禮部尚書。著有《世廟識餘錄》《萬曆湖廣總志》等。

2 陸希聲，字鴻磬，自號君陽遁叟，蘇州吳縣人。博學善屬文，唐昭宗時召為給事中，歷同中書門下平章事，以太子太師罷。後隱居宜興南山。

3 葉夢得（1077－1148），字少蘊，號石林居士，蘇州吳縣人，宋代詞人。紹聖四年（1097）進士，歷任翰林學士、戶部尚書、江東安撫大使等，晚年隱居湖州玲瓏山石林。所著有《避暑錄話》軼事、瑣談小說。

敍其景物，亭館，略有二十餘處，如輞川即為兵火所焚毀矣。」「自著《君陽山記》一卷，敍其景物，亭館略有二十餘處如輞川。」陸希聲自撰《君陽遁叟山居記》亦曰：「名其山為頤山，溪曰蓼溪，將頤養蒙昧也。」並賦《梅花塢》詩：

凍蕊凝香雪豔新，小山深塢伴幽人。
知君有意凌寒色，羞共千花一樣春。

宋乾道三年（1167），廬陵周必大遊宜興城南諸山，著《泛舟錄》，其云：「俯瞰縣郭，僅成聚落，滆湖及眾瀆一一可指。眼界廓然。雨後下嶺尤險，幾不能容膝。過西石亭，梅樹滿林，邑人遊賞處也。」後來由於戰爭，林泉為兵火所焚毀，但作為賞梅勝地依然知名。

明初，高啟[1]《題倪雲林所畫義興山水圖》：「石庭梅欲發，須放酒船行。」沈敕《荊溪外紀》錄馬治《石梅亭》詩：「步出南郭門，繚繞石亭路。世難寒梅花，雖新亦異故。連雲二十畝，照野數百樹……」

嘉靖年間，吳仕購得西石亭山莊廢基，重修別業，並建生墓，準備終老於此。不過，陸希聲擇居君山之陽（宋《咸淳毗陵志》卷二十五：廣福金沙禪院在縣東南四十里，唐陸希聲讀

1 高啟（1336 – 1374），字季迪，號槎軒，蘇州長洲（今蘇州）人。元末明初著名詩人、文學家。才華高逸，學問淵博，能文，尤精於詩，與劉基、宋濂並稱「明初詩文三大家」。

書山房）與吳仕購得的西石亭，兩地相距 30 里，明代所言西石亭並不在君山之陽，而是在君山之陰，因陸希聲改君山為頤山，而吳仕自號頤山，後人將二者混為一談，故失偏頗。

武進唐順之[2]曾撰《吳氏石亭埠新阡記》，記中詳述吳仕購得西石亭一事：「石亭埠在郭南五里，蓋陽羨一小山耳。而發其奇者，自頤山吳公始。陽羨諸山多峭拔，而是山獨蹲伏蜿蜒。以其伏也，而峭拔者乃若環而揖焉。諸山皆競秀，而是山獨若不見其秀者。然登是山，則諸山之秀可盡攬而有之，如人謙而尊，又如人之深藏不自炫露，而萃眾文以文其身也。公遊焉以為奇，於是出之灌莽豺狐之窟，而築之室以居。因其泉甃而曲之以為池，間則與客即而觴焉。自是石亭之勝聞於邑中，而地理家亦以是為吉也，即山居之旁而壤樹之，以為生墓。」由此可見，石亭埠所在位置並不在陸希聲當年居住的君山，而是「郭南五里蓋陽羨一小山耳」。吳仕去世後葬於石亭埠東新阡。新中國成立以後，此地曾闢為宜興殯儀館，建築龍背山森林公園時，殯儀館搬遷，吳仕墓址納入公園範圍。

介紹吳仕時，有必要介紹吳仕與宜興紫砂壺的關係。吳仕入仕之前，因受父親吳綸影響，利用南山讀書之暇，與陶工一起「澄泥製壺，研求式樣，代為署款。」又與家僮龔春共同製

2 唐順之（1507 – 1560），字應德，一字義修，號荊川，常州武進人。明代儒學大師、散文家、數學家。曾率軍抗倭。《吳氏石亭埠新阡記》錄自《荊川集》。

成聞名於世的「龔春壺」。明崇禎年間，周高起[1]《陽羨茗壺系》曰：「供春，學憲吳頤山公青衣也。頤山讀書金沙寺中，供春於給役之暇，竊仿老僧心匠，亦掏細土摶胚。茶匙穴中，指掠內外，指螺紋隱可按，胎必累按，故復半尚現腠，審以辯真。今傳世者，栗色闇案闇，如古金鐵，允稱神明垂則矣。世以其孫姓龔，亦書為龔春。人皆徵為龔，予於吳問卿家見時大彬所仿，則刻『龔春』二字，足折聚頌云。」吳問卿即吳正志幼子吳洪裕；龔春即供春，南直隸溧陽（今常州溧陽）人。溧陽與宜興是為近鄰，歷史上曾屬義興郡。關於龔春壺一事，清湯健業《毗陵見聞錄》也有記載：「供春壺式，茗具中逸品。其後有四家，董翰、趙良、袁錫，一則時鵬，大彬父也……陳迦陵（陳維崧）詩云：宜興作者推龔春，同時高手時大彬。碧山銀槎汱謙竹，世間一藝皆通神。高江村詩云：規制古樸復細膩，輕便堪人筠籠攜。山家雅供稱第一，清泉好淪三泉蕢。」「龔春壺」的誕生可謂是主僕合作之結晶，宜溧兩地共生之象徵。

康熙年間，石亭山房又曾是陽羨詞派的重要活動地點。康熙十二年（1673）前後，宜興陳維崧[2]、徐喈鳳、史惟圓、萬樹

1 周高起（1596 － 1645），字伯高，南直隸常州府江陰人，邑諸生，博聞強識，工古文詞。清兵至時，不屈而死。撰有《讀書志》《陽羨茗壺系》等。中國早期茶學、佛學、紫砂三界專業評論家。

2 陳維崧（1625 － 1682），字其年，號迦陵，常州宜興（今宜興）人，明末清初詞壇第一人，陽羨詞派領袖。徐喈鳳、史唯圓、萬樹等皆為陽羨詞派骨幹。

等結社於此，石亭賞梅成為宜邑文士的重要內容。史惟圓[3]《賀新郎・因探古梅於石亭，和其年韻》:「幾株老樹參差古，暗園村霜皮鐵幹，寒香無數。」徐嶜鳳《看花回・石亭探梅》:「問花誰是主，僧是還非，僧說梅花自宋遺。」

古人記載石亭山房池館的文字不多，大多是介紹這裏的梅花。明清時期，學者留下眾多詩篇，從中可以了解這一時期林泉之概貌。明代徐學謨《上巳日遊石亭埠》:

揚舲遡重湖，湖流浩瀰瀰。
去路問樵人，遙指墟煙裏。
弭檝逗雲塢，褰衣窮迤邐。
始覺松逕通，嵌丘足盤徙。
臨檻吳岫分，廻巘鬱蒼紫。
淙流響碧澗，亂石鳴齒齒。
幽賞豈夙期，眾賓集如螘。
列籍枕芳潔，浮觴循迅駛。
曝髮引斜陽，濯纓會清泚。
湍絕泳鱗廻，林喧暮禽起。
為樂與眾偕，能不助燕喜。
山家煦景新，於時屬上巳。

3　史惟圓（生卒不詳），字雲臣，號蝶庵，南直隸常州府宜興人。史孟麟孫，陽羨詞派重要作家。與陳維崧姻表親，論交三十年，關係極為密切。有《蝶庵詞》。

寧知祓禊場，偶續蘭亭美。
緬懷晉永和，千載邈難企。
吾生駒隙間，今昔同一視。
當歡且勿悲，右軍匪達士。

【清】儲祕書[1]《春日懷故園四首》：

一

天涯節序近傳橘，嶺外梅花未許探。
最憶故園風日好，霏霏香雪石亭南。

二

溪名罨畫漾清暉，一壑風煙接翠微。
處處藝蘭晴雪後，滿城花氣撲春衣。

三

花朝節後雨如酥，滿市筠藍儲竹菇。
僂指焙茶天氣近，山嘉相趁摘雲腴。

四

嶺花飄盡木棉枝，想見江南花信遲。
百和香中人鬥酒，好春還在牡丹時。

1 儲祕書（1717 – 1780），字玉函，江蘇宜興人。乾隆二十六年（1761）進士，歷官湖北鄖陽、黃州知府，以事報罷。博覽經史，工詩詞，詞與同里任曾貽、史承謙齊名。

【清】朱受《雪後石亭探梅》：

雪壓山徑深，天寒翠微暝。
言尋眾香國，遂造清涼境。
連捐三百株，一一妙香嶺。
參錯見蒼松，高低秀孤嶺。
翠羽一雙飛，月華淡無影。
吾生空好遊，清夢落銅井。
尋幽到此間，疏花亦閒靚。
趺座聆昏鐘，斜陽喚歸艇。

2019 年 7 月盛夏，筆者隨濟美堂吳氏後人實地考察石亭埠舊址，曾探「梅樹滿林，邑人遊賞」的梅林村，此時村落已經拆遷，居民遷入湟潼新村，石亭埠河道被填，石亭埠橋在兩年前亦被拆除，而在青龍山西麓，佔地 250 畝的宜興第一人民醫院新院區正在建設，當年吳仕石亭埠別業遺蹤難以辨別。今在龍背山森林公園新建石亭一座，額曰西石亭，亭聯云：「梅萼破香知臘近，柳稍含綠認春歸」。此西石亭實非當年舊址也。

王世懋[2]《吳氏石亭山園記》：

2 王世懋（1536 – 1588），字敬美，別號麟州，時稱少美，蘇州太倉人。嘉靖年間進士，累官至太常少卿，王世貞弟，好學善詩文，著述頗富，而才氣名聲亞於其兄。《吳氏石亭山園記》載於民國《濟美堂宜興吳氏宗譜》。

義興有鄉先生曰頤山吳公，四為提學使者，以不能俯仰當世歸。歸而遊於城之南五里，曰石亭埠，得小山焉。蹲伏而蜿蜒，登之則陽羨諸峰，嵷崒四環，皆效其秀。公以為奇而園之，麓之宮者築而居，泉之可沼者而池，栝木惡，美箭出，而石亭之勝聞於邑。公又即其旁生五藏，歿而葬焉。公所生二子最晚，歿而有在繈褓者，有在腹者，危如線矣。會有天幸，皆長養成立，以至於今四十年，為太學生、鄉進士，能世其業而增修之，而石亭之山園益以聞於是。士大夫之往來義興者，若侍讀徐君、修撰沈君輩，遊而樂焉，皆以詩歌以紀其勝。而石亭諸奇石之黝如者，見謂益高；峰之翼如者，見謂益拱；泉之油油者，見謂益深。而卉木藤蘿斤竹之始植森如者，今皆干霄裂雲而上矣。夫吳公非世所謂強有力者歟！非有名於當世者歟！其與是山相遇而顯也，若有待焉，而非其子之賢而能世也，則亦無以久而益傳若是。是公與公之二子，又若相待而成者。[1]

徐學謨《遊石亭埠記》：

柳子厚曰：江之滸，舟可縻而上下者曰埠。石亭埠距義興城東南五里，可水陸行其幽絕處，為徐文靖公園。余

1 見《民國宜荊吳氏宗譜》卷九。

與遊者挾三艇循氿尾進，湖波淼瀰莫省，嚮詣一樵者，指點墟煙中。遂促檝而浮，迫一里，艤而騰陸，延埠皆小山，逗山拗，迤邐石塍。塍旁綠疇如雲，塍盡，見兩松夾道逕，兩松數十武，為園扉，有道士款門。初自滆宇入，頗湫隘，稍折而西，有重樓環矗，登之望銅棺、離墨諸山，翠蔓聯絡，若翔若拱。庭中蒔大竹數百竿，高插櫺檻間，風搖之作佩玉聲。樓之後，雜卉蓊翳，幽泉從西來，不知所自，氣如白虹，淙淙然清越可聽。有石樑跨其上，亭焉，亭為他遊者所據。遂闖亭而右，則澗道而厓，人蟻集沿，流袒跣坐，各以石甓。下流數丈，為流觴飲，而餘所列籍，獨當流之中。遊日綺繡，差互雜遝，旁徹笙歌，傾左右耳入。令童子吹簫和之，響答潺湲，且觴且詠。或他客觴突甓而前，則恣取之，以為笑。有小鯈數十尾，時集觴下觴，動復倏然逝，若與遊者相征逐。其上為陡崖，拾級而登，有屋數楹，支以甃石，俯瞰重樓，已偃然伏其下。時迫，莫覶樓前諸山，半入煙暝，不可辨識，遂題壁去。客曰：子亦憶會稽蘭亭之期乎？余始恍然，不知遊與期會，復申詩一章，是為丁卯上巳日。

萬樹《石亭記遊》[2]：

2　萬樹《石亭記遊》錄自清《嘉慶宜興縣志》。

乙巳春之季，與吳君、曹君諸子會於槐里，遂往遊於石澗。少長群賢畢至，不減蘭亭修褉。此地崇山多峻嶺，有茂林修竹，清流水湛，暢敍坐其次。氣清天朗，風和惠共欣然，形骸放浪，懷託寄俯仰彭觴。皆妄作莫問世殊時異，且一觴一詠，相繼客曰：「斯遊真足樂，不可無韻語傳於世。」余曰：「諸是為記。」

予莊

門前風細稻花香

予莊又稱予莊別業，位於宜興城南十五里[1]，由宜興士子吳儼所建，規模頗具，池館娟秀，可謂「出聖入神」之地。

吳儼《予莊記》[2]曰:「予莊去城南十五里，舟行道迂則倍之。其地背山而面流，田繞四周，饁餉者不出百步，僻幽而靚深，最宜隱者居。然山阜而樵牧不輟，其上常濯濯，水清且寒，無大魚，土磽瘠，不甚宜稼穡，力勤而收薄，富人多不欲之，棄而不售者數十年矣。予始得之陳氏，問其所以名，曰其地宜榆，昔有古榆數株，今不存矣。或曰勝國時有俞氏居之，故名『予』。曰:『安知非天之遺予者乎？夫天下之物，苟非其有終身望之而不可得，是莊也。』」

1 今宜城華要新村一帶。

2 《予莊記》收錄於吳儼《吳文肅公摘稿》。

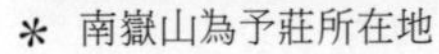

＊ 南嶽山為予莊所在地

＊ 位於南嶽山的南嶽寺

吳儼（1457－1519），字克溫，號寧庵，吳仕弟，南直隸常州府宜興人，成化二十三年（1487）進士，選庶吉士，授編修，歷侍講學士，掌南京翰林院。正德二年（1507）忤劉瑾被撤，劉瑾敗，復官禮部左、右侍郎，正德十一年，晉南京禮部尚書。卒，諡文肅。著《吳文肅公摘稿》4 卷，《四庫總目》傳於世。

吳儼偏愛家鄉山水，曾作詩[1]懷念：

少年誦詩書，心恒慕伊周。
蹉跎成老人，白髮上我頭。
作羹不為梅，濟川不用洲。
金馬石渠間，強陪英俊遊。
去年歸故山，幸得兩月留。
坐石聽啼鳥，持杯發清謳。
豈敢肆雄辯，萬物移春愁。

1　此詩錄自《民國宜荊吳氏宗譜》。

自從到京國，仍懷杞天憂。

故山不能見，畫中容可求。

吳儼曾作《集天趣園二首》，是園不知與吳氏是否有關，根據詩中描述，疑是吳儼予莊之盛景：

一

高丘構華屋，物理近人情。

止水留雲影，微風度鳥聲。

委泥花有恨，匝地草無名。

欲試登山屐，崎嶇路不平。

二

愛客頻移席，張筵復傍池。

酒行常引滿，坐久不知疲。

風動花增媚，雲開石獻奇。

休文才最富，無籍雨催詩。

在吳儼修建別業之前，予莊已有「溪山、泉石、澗壑、徑路、田野、橋樑、台榭」[2]，吳儼得此舊址，重新修繕，面貌一新。

予莊近山臨水，草木蔥蘢，水色山光，景色宜人。山中空巖泉落，沁人心扉；斷壁雲生，令人生畏。真假岡巒，宛似天開。又有洛橋跨涇，澗水濯石，推窗即見池魚之樂，啟門可聞

2 此語錄自《吳文肅摘稿》卷四《予莊記》。

稻花之香。在此度日，夏可避暑，冬可賞梅，吳儼故在病老之年，或扶笻閒步，或病起登台，或迎雪賞梅。吳儼曾填《臨江仙 · 憶予莊》[1]詞，對莊園頗有情愫：

我愛予莊風景好，白沙翠竹柴門。而今身落在塵樊。冠裳纏總縛，此意有誰言？　翠碧丹崖千萬丈，山靈未許扳援。何時投紱更高騫？長松□樹底，石上聽啼猿。

吳儼在世時，常與友人應酬和唱，其中有吳中沈周、李東陽、費宏等。吳儼有《和石學士予莊韻四首》，石學士即沈周，從其詩中可知予莊林泉一斑：

一

招隱何須賦小山，杜門更欲建重關。
采菱歌落雲煙外，打麥聲來咫尺間。
昔日種成松老大，清晨放去鶴飛還。
道人本是心無事，較雨量晴亦不閒。

二

長鑱不用斸蒿萊，數月渾無一客來。
帶雨初移庭下竹，試花又見臘前梅。
月明松徑隨山轉，岸仄柴門逐水開。
莫道白雲飛不去，有心長護讀書台。

1　吳儼《臨江仙 · 憶予莊》詞錄自清《嘉慶宜興縣志 · 藝文志》。

三

鏡裏叢叢白髮新，痴心方且學修真。
論文客到常辭出，問性人來不厭頻。
短牖南頭修竹譜，曲闌東畔酹花神。
夜深篝火尋芝術，勉強支持此病身。

四

矮屋低牆草樹平，百年別業喜初成。
滿頭白髮猶忘老，對面青山不記名。
行路喜逢田父罵，出門怪有野人迎。
春禽何與農家事，布穀聲聲為勸耕。

吳儼與沈周二人經常有詩畫交流，吳儼曾作《聞石田遊荊溪欲觀予所藏小畫以詩迎》：

畫船未泊五雲溪，信息先傳滿邑知。
花漸飄零愁置酒，鳥猶啁哳苦催詩。
莫憂震澤波濤闊，須信南宮筆劃奇。
自掃水邊山下路，候公杖屨欲追隨。

又作《次石田觀畫韻》：

錦標玉軸家家重，任耳人多任目稀。
鑒藻要知顏未在，丹青只論古今非。
山居幽寂柴門迥，溪渚蕭條野鶩飛。
忽憶平南渡江日，倉黃七帖尚藏衣。

吳儼對予莊一往情深，《吳文肅公摘稿》有許多詩作讚美予莊林泉，下面錄載數首，以供品讀。

邀費鵝湖[1]過山莊避暑

小洛橋西碧澗長，濯纓不必問滄浪。
五湖地闊居偏靜，六月山深夜自涼。
池面雨浮菱葉亂，門前風細稻花香。
高旌暫住茅檐下，音信何愁滯異鄉。

次西崖假山韻

秋深病起強登台，不倩人扶亦壯哉。
濯石立當狂客拜，新題還待醉翁來。
空巖泉落琴初奏，斷壁雲生錦未裁。
誰道岡巒真是假，層層疊疊似天開。

觀梅次西崖韻

帶雪移來竹外枝，藏深猶恐或傷之。
百花頭上應先發，二月江南已過時。
莫向高樓吹玉笛，秖宜東閣賦新詩。
廣平縱使心如鐵，相對寧辭酒滿卮。

1 費宏（1468 年－ 1535 年），字子充，號鵝湖，晚年自號湖東野老。鉛山（江西省鉛山縣福惠鄉烈橋）人，明朝名臣，內閣首輔。

予莊晚步

扶笻閒步洛橋東，水色山光迥不同。

黃鳥引雛青嶂外，綠楊倒影碧波中。

分秧日近愁無雨，刈麥時來喜有風。

造物可隨人意變，較量笑殺兩鄰翁。

吳儼與李東陽[2]等亦為好友，李公曾來宜興，下榻予莊，作《予莊》詩，大加讚賞吳儼歸隱林泉的閒適以及這裏的風光：

荊溪之莊誰所廬，荊溪主人稱是予。

荊溪野人不識渠，有眼道是延陵吳。

自言家世荊溪住，宅相本出南州徐。

買田自釀北海酒，引水欲話西江魚。

古來陵谷如翻手，俯仰應懷昔人有。

澗草巖花不計春，過雲飛鳥猶回首。

自別茲莊二十秋，四時風景一時收。

共看錦服明清晝，莫道青山笑黑頭。

莊哉莊哉不負我，自我得之非外求。

君不見張公古洞空傳信，蘇公獨山誰所命！

只今郡有張蘇家，空餘往事令人嗟。

2 李東陽（1447 – 1516），字賓之，號西涯，湖南茶陵人，天順八年進士，授編修，累遷侍講學士，充東宮講官，弘治八年以禮部侍郎兼文淵閣大學士，直內閣，預機務。立朝五十年，柄國十八載，清節不渝。文章典雅流麗，著《懷麓堂集》《懷麓堂詩話》《燕對錄》。

天壤之間孰非我，莊以予名無不可。
萬間廣廈幾時成？智取高名向江左。

費宏亦至宜興，寫下《重遊予莊感懷》[1]：

棹入荊溪憶舊遊，山莊遙望水東頭。
飄飄社燕身曾托，杳杳泥鴻跡尚留。
授粲每餘陽羡米，忘歸欲泛蠡湖舟。
他年拋志書流寓，名姓應煩末簡收。

1　此詩載於《費宏集》卷二。

洴浰別業

有時煙雨聽滄浪

洴浰別業又名洴浰莊、洴浰草堂，名稱因洴浰漴而名，別業位於宜興城西 34 里洴浰村，由吳儼所築。

洴浰有東、西兩個自然村，原屬宜豐鄉，現隸徐舍鎮，今有 104 國道途徑村域。查 1983 年宜興縣地名辦繪製《宜興縣地名》：洴浰位於南溪東段南岸，地處西氿與南溪交匯處，屬宜豐公社洴浰大隊，地名注曰：「洴浰原名章浦，因來水湍急，到此頂托成浪，狀似仙女洴汰洗練而得名。」

洴浰一名由來已久，最早見於唐宋舊志。所謂洴浰，即荊溪支流洴浰漴，漴長達數里，水自山間出，匯入荊溪。宋《咸淳毗陵志．山水》：「洴浰漴在縣西二十七里，荊溪貫其中，號南北洋漴，又

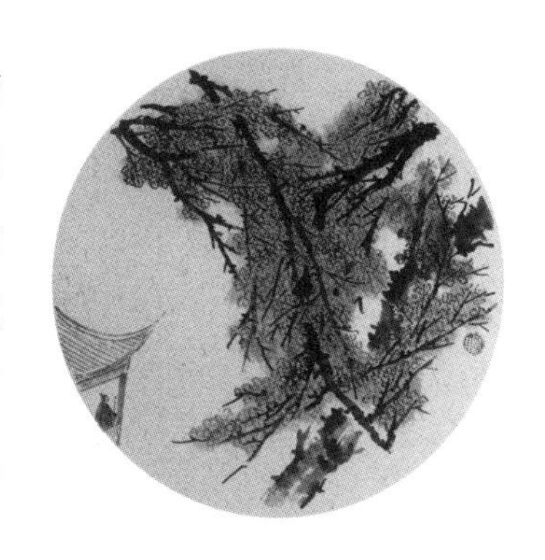

* 洴浰村今貌

有常富等湥。」《咸淳毗陵志・古跡》又云：「蔣三舍在縣西洴浰，四圍皆澤國。宣和間張寶、文彥智遇風寄宿，贈以詩，和者盈卷，今藏其家，有『兩岸更無通步路，四時常有避風船』之句。」

宜興曾有「荊溪十景」，其中「洴浰雪蓑」為其中一景，明代蔣如奇[1]有《洴浰雪蓑》詩：

淡淡村容黯翠微，漁翁天外一蓑歸。
夕陽眺斷荒煙咽，平浦舟到倦鳥飛。
網綴素英青片片，笠沾輕絮影霏霏。
夷猶信是江天鶴，原得移尊話息機。

清初，邑人徐喈鳳[2]也作《洴浰雪蓑》詩：

溪空雲凍雪霏霏，何事漁舟獨未歸。
隱隱白衣人把釣，茫茫素練浪沖磯。

1 蔣如奇（？— 1643），字一先，號盤初。南直隸常州宜興（今宜興市人。萬曆四十四年進士，初選部曹，出守廣信，後授湖西道，轉浙江參政。卒，贈光祿寺卿。著有《詠鳳堂漫記》。

2 徐喈鳳（1622 — 1689），字鳴岐，號竹逸，又號荊南墨農、荊南山人，常州宜興人。自幼家境貧寒，以務農為生。因無力上學，常竊聽塾師講課，遂通大義，乃勤學以求仕進。

半身蓑笠忘寒暑，一色乾坤渾是非。

此景從來難寫照，雲林淡筆或依稀。

晚清，徐悲鴻父親徐達曾章繪《荊溪十景圖》，「洴浰雪蓑」列在其中。洴浰村為水陸要衝，素稱洴浰入氿第一村，吳儼當年洴浰別業當在洴浰村。「洴浰雪蓑」作為景名，源於乾隆南巡。相傳，乾隆皇帝來到宜興正值隆冬，數日大雪，田野村舍、山嶺樹木均被皚皚白雪所覆蓋，河道冰封，唯有洴浰之水緩緩流淌。此情此景，恰合「孤舟蓑笠翁，獨釣寒江雪」意境，乾隆帝龍顏大悅，連聲道來：「此乃雪蓑！此乃雪蓑！」自此，「洴浰雪蓑」成為荊溪一景。當然，在吳儼生活年代早於乾隆，此時洴浰，僅是荊溪普通水道，「洴浰雪蓑」當是後話。

洴浰的出名還在於這裏的燈樓，由於西氿流經洴浰，水勢湍急，夜間霧日行船易發事故，洴浰燈樓應運而生。清道光二十五年（1845），洴浰港口新建光遠樓，樓中懸鐘點燈。每近夜色，每遇雨霧，燈火高掛，警鐘長鳴，警示過往船隻。光遠樓旁又有雪蓑庵，光遠樓有僧照管。

* 洴浰雪蓑寺

洴浰別業形制、規模不詳，文獻記載少見，故難以描述洴浰林泉之貌。李東陽作《洴浰溪為吳寧庵賦》[1] 有「舊號次第更前堂，後圃書題遍莫欺」句，故可確定洴洌別業形制為前堂後圃，而李東陽所言「寧庵」即吳儼之號。詩曰：

練溪之水光如練，練溪之詩清滿卷。
洴洌真成水上文，機梭不作江南怨。
靜餘雙耳閒能洗，坐愛一清差可戀。
不問莊生藥手龜，差隨墨子悲絲變。
何須火浣銷塵垢，卻笑愚神蒙詆嫚。
里名勝母車當迴，獸有刑天字須辯。
臥遊久矣讓君曾，聽說灑然醒我倦。
虛舟有意空江海，蘭足無由出庭院。
敢謂曲江非鑒湖，即看湘浦同陽羨。
舊號新名次第更，前堂後圃書題遍。
莫欺我不識江南，已向元暉句中見。

姑蘇文徵明等名士也曾遊洴洌，並作《洴洌溪莊》詩：

陽羨西來溪水長，晴雲飄渺練生光。
千年洴洌空陳跡，一笑鳶魚付兩忘。
靜夜星河涵碧落，有時煙雨聽滄浪。
老夫拈出元暉句，聊為幽人賦草堂。

1 李東陽《洴洌溪為吳寧庵賦》錄自清《嘉慶宜興縣志・藝文志》。

「老夫拈出元暉句，聊為幽人賦草堂」，老夫是文徵明自謂，元暉則指南宋米友仁。時人劉辰翁[2]《踏沙行》有「江南不是米元暉，無人更得滄洲趣」句，文徵明與吳儼遠離塵囂，宿於泔浰草堂，以笑鳶魚、觀星河、沫煙雨、聽滄浪為趣，自得其樂。

時過境遷，光遠樓、泔浰別業早已蕩然無存，唯見泔浰之水千古長流，泔浰之村如玉昭華。今有善男信女在泔浰村東雪蓑庵舊址復建古剎，名曰雪蓑禪寺，掩隱於百畝荷花之間，鏡花水月，浮華遠去，梵音猶聞，禪意綿長。

2 劉辰翁（1233 – 1297），字會孟，別號須溪，廬陵灌溪（今江西吉安）人，南宋末年著名的愛國詞人。景定三年（1262）進士第，一生致力於文學創作和文學批評。

滄溪別墅

鬱如蒼玉，蔽日含風

馬玄《滄溪歌》曰[1]：

薔薇開，鸂鶒來。燕銜泥，蒲葉齊。蘭橈桂槳入回溪。溪上吳姬自浣沙，溪邊仙犬吠流霞。雲深路杳知何處，中有江南季子家。碧嵐漠漠銅官樹，紅浪重重二九華。彭澤新栽高士柳，青門學種故侯瓜。已無空衙散鳴鳥，只有歸舟隨乳鴉。季子來，弦歌歇，武城夜夜空明月。釣絲獨抱滄溪頭，白袍皂帽思悠悠。竹間初起辛夷館，煙裏常眠杜若洲。乘月放船上天去，隨風采蔣入雲流。入雲流，上天去，隨處滄溪隨處住。青蘋歇芳白芷生，采蓮渡頭春已暮。

1 《滄溪歌》錄自《荊溪外紀》卷十。

筆床茶灶極天涯，渠今盡識江南路。江南路，麗以妍，鴛鴦何翩翩。平蕪渺千里，日暖金沙鮮。竹竿裊裊自年年，何似搖珮承明前。君不見東坡先生曾買田。

滄溪別墅又稱漢川別業，位於銅棺山西南，為明中吳儔營建的一處郊野林泉。

吳儔（1489－1565），字克類，號滄溪，又號漢川子，吳經次子，吳仕堂弟。徐階《文林郎武城知縣滄溪吳君墓誌銘》[2]：「故禮部尚書宜興吳文肅公有弟曰滄溪君，名儔，字克類，自少以孝稱……君意不樂，遂棄其官，歸隱滄溪之上，鑿池築台，雜蒔卉木，即又銅官之西，南引漢川，為流觴曲島，日與名士詠遊其間，故自號滄溪，又號漢川子，鄉後進咸稱焉。」

＊ 文徵明《滄溪圖》

2 《文林郎武城知縣滄溪吳君墓誌銘》錄自徐階《經世堂集》卷十八。徐階（1503－1583），字子升，號少湖，南直隸松江府華亭縣（今上海市松江區）人。明代名臣，嘉靖二年以探花及第，授翰林院編修。嘉靖后期至隆慶初年內閣首輔。

吳儔別墅為何選擇滄溪，滄溪形勝究竟如何？吳仕《漢川紀遊》曰：「君山去城十五里而遠，其下為漢川，岩幽谷邃，蓋五湖之境一奧區也。嘉靖庚子三月十有七日，余結客遊焉。時微雨初霽，輕飆漸揚，僕夫歡呼，殆若天假，侵晨就道，逾時抵漢口。兩山雄峙，如戶斯辟，既而入漸深，景亦漸奇，崿巘巍㠑，篁栝蒼鬱，因誦謝靈運詩：連岩覺路塞，密竹使徑迷……其下泉流，汩汩可聽，蒼竹萬挺，鬱如蒼玉，蔽日含風，神志森爽。」吳儔選擇這樣的地方構建別墅，符合他的隱世之念。

高儀[1]在《文林郎山東武城縣知縣滄溪墓表》中記錄了滄溪別墅概況：吳儔「築圃滄溪之上，周植榆柳，中為台館，壘石鑿池，雜以群卉，殫極幽勝，遂以滄溪為號。又即銅棺山西南麓，引用為流觴曲嶼，故又號漢川子。暇則偕親知數輩往來，遊詠以為常，夷猶徜徉，竟終老焉。」原來這裏溪水清澈，風光秀麗，溪水引入園中，形成流觴曲嶼，供親戚朋友歌詠，徜徉其間。吳儔在山又鑿池壘石，築台建館，周植榆柳，雜以群卉，儼然成為一方林泉。

1　高儀（1517 — 1572），字子象，號南宇，浙江錢塘人，明代學者。

滄溪別墅築成後，文徵明、仇英、查懋欽等墨客曾遊滄溪，仇英繪《滄溪圖》以留念，文徵明則作《聞滄溪新築幽居甚勝，奉寄小詩》以祝賀，二人將此比作陶淵明之彭澤，王摩詰之輞川，詩曰：

新築幽居屋數椽，撫移花木沼流泉。
淵明幽致辭彭澤，摩詰高情在輞川。
三徑遙通修竹外，兩山青落小窗前。
風潭夏木無由賞，聊拂雲箋賦短篇。

仇英《滄溪圖》畫其新居幽境，為絹本設色畫。圖前有許初篆書「滄溪」二字，卷後有文徵明、查懋欽、文彭、黎民表、文嘉、周天球等人題書。遺憾的是，《滄溪圖》卷今已佚，僅有清代吳升撰《大觀錄》收其圖。

吳仕好遊，曾偕友人借宿滄溪別墅遊漢川，按吳仕自述，「予生六十年，凡三至漢川，而徒侶漸稀，歲月若禪，因感今念昔，依然興懷」。吳仕《漢川紀遊》[2]曰：

君山去城十五里而遠，其下為漢川，巖幽谷邃，蓋五湖之境宜奧區也。嘉靖庚子三月十有七日，予結客遊焉。

時微雨霽，輕颷漸揚，僕夫歡呼，殆若天假，侵晨就道。逾時抵漢口，兩山雄峙，如戶斯辟，既而入漸深，景

2 《漢川紀遊》錄自吳仕《頤山詩文稿》。

亦漸奇，崿巘巍嵸，篁桰蒼鬱，因誦謝靈運詩：『連巖覺路塞，密竹使徑迷。』乃良非虛語，越三里許，過觀音大士庵，道流執香迓於道左，具茶杯少憩，復登輿又里許，至滄溪子所營別墅。周垣曲徑，皆壘石為之，跨澗為梁二，其下泉流，汩汩可聽，蒼竹萬挺，鬱如蒼玉，蔽日含風，神志森爽，於是解鞍弛擔，具午餐。

飯訖行起澗谷間，命童子爬沙移石，引流決渠，環澗展席，乃循上流放杯，流下呼瓊，較數以次拾飲，醺然乃已。客為姚玉巖章，字有中，上海人；王水石濯，字用昭；王遜齋述祖，字子孝；徐樂山元榮，字弘仁；杜春溪練，字世金；歐獨松湳，字朝濟；群從則瀛，字中洲，汴字中原，固字仲堅，滄溪乃吾弟儔，字克類，蓋漢川主人也。時以往他住，而置餉供客飯奴秣馬，皆其綱紀之，僕遣人為之，樂山暨瀛、汴、固，各持肴核具相予，若別設供具召之戲劇，以娛客懷獨松之費，亦不訾矣。是集也，頤山吳某寔倡意焉，而賓友群從咸躍然而會。

嗟乎！勝不常有，時難驟得，予生六十年，凡三至漢川，而徒侶漸稀，歲月若禪，因感今念昔，依然興懷，乃各賦詩一章，以標姓氏，從子瀛持冊請書卉，以數言俾持去，以為他日證據云。

蠡莊

浩蕩觀春事，蒼蒼問蠡莊

宜興城南，東蠡河中段有蠡莊渡，相距丁蜀鎮十里許，疑是吳仕蠡莊別業所在地。東蠡河是條古老的河道，宋單鍔《吳中水利書》曰：「宜興東有蠡河，橫亙荊溪，東北透湛瀆，東南接滄畫溪，昔范蠡所鑿。」宋《咸淳毗陵志・山水》：「東蠡河在縣東十五里，東南入太湖。咸平中，邑人邵靈甫 [1] 重浚。」

東蠡河自湯渡罨畫溪起，流經鼎山、蜀山、常安、蠡莊渡、張澤橋等地，穿過東氿，北連湛瀆，全長 32 公里，相傳由越國大夫范蠡開鑿。

1　邵靈甫，宋常州宜興人。樂施捨，歉收之年，發儲五千餘斛以賑饑民。又自縣至湖洑鎮，除道四十里，浚蠡河等水路八十餘里，通罨畫溪入太湖，邑人爭受役，存活頗眾。

＊ 當年蠡莊即今里莊渡村

＊ 張澤橋南三里為蠡莊渡口

1983 年《宜興縣地名錄・川埠公社》：新村大隊有里莊渡，「里莊渡，范蠡在此建村，村東有一人渡，得名蠡莊渡，里、蠡諧音。」

蠡河東臨川埠，南連丁蜀，根據東蠡河水道走向，當年吳仕蠡莊別業當在丁蜀鎮與川埠鄉之間，顧名思義，蠡莊渡 —— 蠡莊之渡，蠡莊別業因蠡莊而名。

蠡莊渡充滿神奇色彩，民間傳說范蠡協助勾踐戰勝吳國後，攜西施泛舟五湖，隱於丁蜀一帶，發展陶業，當地人稱范蠡為陶朱公。當時，東蠡河東有一小鎮 [1]，早市繁忙，而范蠡住河西北燕村，與鄉人經常擺渡過河，入市作些買賣。由於范蠡設此渡口，鄉人稱這裏為蠡莊渡。吳仕選擇蠡莊構築別業，可能與此傳說有關。

1 今大浦鎮施蕩橋。

關於蠡莊別業之規模、形制，鄉邦文獻少見記錄，查閱明代常州徐問《山堂萃稿》，卷四有《訪吳參政克學蠡莊》詩，詩中描述造訪蠡莊時的情景：

松徑穿隈奧，肩輿度石岡。
雲空一縣小，山帶五湖長。
浩蕩觀春事，蒼蒼問蠡莊。
晝夜修竹靜，白日臥羲皇。

關於蠡莊另見一些零星信息：嘉靖年間，吳仕曾邀江南名士方鵬[2]、方鳳來宜興遊覽，下榻蠡莊。方鵬與吳仕關係密切，曾為吳仕《頤山私稿》作序。方鵬下榻蠡莊，在《遊張公洞記》中，方鵬這樣記述：「吾友義興吳祠部克學約余兄弟遊張公、善卷二洞久矣。嘉靖丙戌八月三日，始尋舊盟⋯⋯五日至毗陵，飲白氏園，謁道南書院；六日至義興，克學乃治舟偕往，夜至李莊（蠡莊），克學別業在焉。七日，雨，寓別業，夜至湖㳇鎮。」

方鵬所記，明白無誤，其先到常州，遊覽東門白氏園，又謁道南書院，然後再到宜興，夜宿蠡莊兩晚，同行的還有弟弟方鳳，時間是嘉靖五年（1526）八月。

2 方鵬（1470－？），字子鳳，號矯亭，江蘇崑山人，正德三年（1508）進士，初與弟方鳳同以學行相砥礪，及議禮，鵬獨是張璁議。官至南京太常寺。著有《矯亭存稿》《責備餘談》《續觀感錄》《崑山人物志》等。《遊張公洞記》錄自《矯亭存稿》卷五。

吳仕離世後，蠡莊別業不知傳於何人，有待考證。清《光緒宜興縣志・人物》載：「仕年六十無子，或勸以家財之半，行種德十二事，仕欣然，次第行之，果得二子，騂、敦復舉人；孫士貞、曾孫吳炳皆名臣。」

蠡莊不知湮於何年，至今難覓當年勝跡。1983 年宜興縣地名辦編繪《宜興縣地名圖》注：里莊渡（蠡莊渡）時屬川埠公社。今在宜城與丁蜀之間有范蠡大道，大道沿東蠡河南北展開。2018 年夏，筆者在宜興友人陪同下尋訪蠡莊，問詢鄉人，皆不知別業所在，但皆知蠡莊渡村名由來。蠡莊渡北數里就是有名的張澤橋，今屬宜城街道南園村。宜興 211 路公交車在蠡莊渡設站，不過，蠡莊渡訛名里莊渡，至今未改，吳仕別業則在歷史進程中湮滅。

在此補充一點：丁蜀鎮北另有蠡墅，今稱蠡墅社區。1983 年《宜興縣地名錄》：「相傳范蠡在此隱居創陶而名」，與蠡莊渡備註基本相同。蠡墅也可以理解為蠡莊，蠡墅是否為吳仕別業，有待考證。

五橋莊

買到蘭陵美酒，烹來陽羨新茶

一

飛虹百尺跨雙溪，歷歷青山粉堞西。

一徑綠楊風不斷，春流長繞岳王堤。

二

絕調荊溪又寂寥，粲花別墅草蕭蕭。

紅牙檀板銷沉盡，村笛聲聲出五橋。

此為清代宜邑陸致遠《五橋莊詩二首》。五橋莊又稱五雲莊、粲花園、粲花別業，位於宜興城南東溪（一曰洑溪）邊，今人民路一側宜興大酒店範圍即是。按 1983 年《宜興縣地名錄》：五雲莊屬銅峰公社碓坊大隊，附近有五座橋樑名五橋莊，後改名五雲莊。清乾隆年間，褚邦慶《常州賦》有：「五雲溪水潺潺，岸花蔥蒨」句，五雲莊或由

＊ 五橋莊遺址

「五雲溪水潺潺」而來。

五橋莊為著名戲曲家、抗清鬥士吳炳之別業，因在岳堤建有五座橋樑而得名。褚邦慶《常州賦》云：「萬堤與岳堤而並長，河蓮偕蕩蓮而同絢。」褚邦慶注曰：「岳堤在縣南二里，岳忠武追金兵過此，築長堤一里許，以通騎道，行人至今便之。」沈堡[1]《淮遊紀略》載：「堤上多綠楊，方春和時，柳暗花明，樵青擔荷，與遊人士女，往來山中者相上下，至夕陽在山水光綽約，兩縣（宜興、荊溪）漁舟競泊堤下，亦不減六橋佳麗也……岳堤左側，即明季吳石渠先生炳粲花別墅。岳堤跨五橋以分瀨江西溪之流，莊有巢雲閣、凝翠樓、抱峰齋、彩虹堂、錦石軒諸勝。今雖丹臒剝落，尚可遊觀也。」以上記載可以得知，五橋莊就在城外三里。

據宜興吳氏耋宿介紹，五橋莊一帶舊屬銅峰鄉，新中國成立初期，這裏仍是水網地帶，上世紀 60－70 年代，河道窪地整治為田；改革開放後，宜城逐步擴展，此地今已成為中心城區，當年岳堤也成為川流不息的人民路。上世紀 90 年代中葉，筆者曾受友人之邀，參加宜興陶瓷博覽會，下榻剛剛落成的宜興大

1　沈堡，字可山，號漁莊，浙江蕭山人。諸生，工詩文，有《漁莊詩草》。《淮遊紀略》一卷載於康熙刻《嘉會堂集》。

酒店。頗為遺憾的是，當時並不知道這裏曾是粲花主人五橋莊所在地。

吳炳（1595－1648），字可先，號石渠，晚號粲花主人，吳仕曾孫，明末戲曲家，南直隸常州宜興人。萬曆四十七年（1619）進士，初授湖北蒲圻知縣。崇禎年間，經常州陸完學推薦，擔任江西提學副使，後遷工部主事、福州知府等。因不滿朝廷營私舞弊，託病告歸鄉里，居住城外五雲莊，潛心詩文與戲曲創作，《綠牡丹》《療妒羹》《西園記》《情郵記》《畫中人》合稱《粲花齋五種曲》，大多在這裏完成。朱由檢自縊煤山後，吳炳追隨南明政權，被拜為吏部尚書兼東閣大學士。永曆二年即順治五年（1648）正月，由於兵敗被逮，絕食而亡，年僅54歲。臨終前寫下絕命詩，曰「荒山誰與收枯骨，明月長留照短纓。」葬宜興南門外石亭埠，乾隆四十一年，謚「忠節」，與族侄吳貞毓一同供祀於宜城西廟巷二忠祠。

西溪又稱西蠡溪，是荊溪的其中一段。西溪築有長堤，相傳，當年宜興百姓為助岳飛抗金，在西溪畔連夜築成一條「支前」通道，結果岳飛大勝金兵，人們為紀念岳飛，長堤故稱岳堤。岳堤建有五橋，分別曰泗水、觀音、升旗、涇水、碓坊[2]，吳氏別業就建於岳堤旁，故稱五橋莊。

五橋莊佔地6.3畝，四面環水，僅設一座吊橋供人進出。按上海大學于成鯤教授著《吳炳與粲花》一書介紹：出荊溪門，

2 一曰泗水、涇水、觀音、石板、跨莊。

過南倉橋，沿岳堤行數百步，可抵五橋莊。莊西有一孔吊橋，這是吳尚書府邸的主要通道，進莊有一大牌坊，入院有一對大鐵門，門北側臥一對石獅子。莊園內別有一番景致。

五橋莊歷史可追溯到明嘉靖年間，吳炳曾祖父吳仕曾經在此營造園林。明徐問《山堂萃稿》卷四《再訪吳克學五橋隱居》詩云：

> 扁舟尋舊隱，秋日五橋莊。
> 水抱雲廓盡，山迴竹塢長。
> 避人心更遠，憂國鬢俱蒼。
> 未定重來約，國風報短章。

徐問是在某年秋天乘一葉扁舟尋訪五橋莊的，根據徐問詩解：五橋莊四周以水環抱，遠處青山迴遠，眼前翠竹屏嶼，吳仕棲於此間，雖說是避世隱逸，卻仍是憂國憂民，兩鬢漸漸斑白，表達士子的家國情懷。

* 五橋莊舊址建起的岳飛雕塑

* 五橋莊附近的岳堤大橋

五橋莊由吳仕傳至吳炳，期間或經過祖父吳騂、父親吳晉明，再傳至吳炳，吳炳在曾祖基業上加以增建。據雲南大學孫秋克教授2002年編撰的《吳炳年譜》載：崇禎二年（1629），吳炳由工部都水清吏司主事調任福州知府。四年（1631）春，因不滿撫軍熊文燦庇護陳況作弊案，託病告歸闊別多年的故鄉。崇禎五年（1632），吳炳隱居五橋莊，新建巢雲閣、凝翠樓、抱峰齋、粲花齋、彩虹堂、錦石軒、芙蓉池等，稱之粲花別墅。吳炳在此鑿池引泉，闢塘涵月，相繼開了兩方池塘及一泓秋泉，掇山理水，又植嘉木名卉，點綴其間，廳榭樓閣相成趣，春桃秋菊四時開，成為宜城一大名園。

粲花別墅是吳炳的隱逸之所，也是他的創作基地，《粲花五種》曲本大多數在此地完成。同時，吳炳還組織過家庭戲班子，演出其曲目。清人任映垣[1]《金縷曲．經五橋莊粲花齋吳石渠先生填五種樂府處》可以證明：

事往人堪仰。偶行來小橋，流水依然相向。愛煞彩虹堂前月，照過珠簾繡幌。有多少紅偎翠傍？今日銀塘菱葉滿，聽泠泠只剩秋泉響。絲竹韻，成遼曠。　遊人幾度停橈舫。憶當初筵前歌舞，風流跌宕。不道紅牙頻顧，誤卻借淺斟低唱，盡參透空中色相。一曲山河悲故國，便啼鵑斬斷煙花障。令威鶴，何惆悵。

1　任映垣，字明翰，荊溪（今宜興）人，諸生，清代詞人，有《晴樓詞》等。《嘉慶荊溪縣志》收錄任映垣《金縷曲．經五橋莊粲花齋吳石渠先生填五種樂府處》。

邑人徐瑤偕杭州友人洪昉思曾過五橋莊，此時吳炳已殉國，人去樓空，山莊已是一片頹垣殘壁，其填詞《望海潮・同西泠洪子昉思過五橋莊，訪吳石渠先生填詞處有感》[1]：

寒欺梅影，幽芳微孏，風來花信創番。客本武林，帆開申浦，相逢趁早春天。攜手遊溪灣，近半斜松巷，第五橋邊。傍水誰家，寂寥門第，説前賢。　延陵豔曲曾傳。有粲花五種，流播人間。滄海未歸，東山永別，淒涼剩有梨園。憑弔共潸然。同舞裙歌扇，一片頹垣。唯見銅峰數幾，晴髻似當年。

吳炳在粲花別墅的四年多時間，度過了最美好的時光，所作《西園記》，見曲首「西江月」詞：「買到蘭陵美酒，烹來陽羨新茶，且聽檀板按琵琶，莫道今朝少暇。俗子開談即俗，佳人啟口尤佳，扇頭羞落檐花，惱得春風欲罵。」蘭陵即武進，陽羨即宜興，吳炳納武進瞿武韓為婿，瞿武韓亦工曲，曾攜家伎來粲花別墅獻藝，吳炳故將蘭陵、陽羨一同填入詞中，體現此時吳炳短暫的閒適與安樂，也表達了對家鄉的熱愛。崇禎九年（1636），吳炳復出，補浙江鹽運司；南明隆武二年（1646），命為詹事兼禮部尚書；永曆二年（1648）被俘，拒不降清，絕食殉國。在此 11 年間，吳炳再也沒有回過家鄉。

1　徐瑤（生卒待考，大約清初在世），字天壁，荆溪（今江蘇宜興）人，徐喈鳳子。歲貢生，有《離墨詞》二卷。《望海潮》詞錄自《嘉慶宜興縣志・藝文志》。

吳炳已去，粲花長開。至於園中巢雲閣、凝翠樓、抱峰齋、彩虹堂、錦石軒等尚不清楚其中意涵，亦不知樓閣之功能，唯有粲花齋與粲花筆在民間留下許多傳說。相傳粲花齋為吳炳書屋，名劇《西園記》《情郵記》《畫中人》等在此完成。清兵入關時，吳炳聞知此訊，拍案而起，憤然扔筆，粲花之筆飛出窗外，倒立芙蓉池中。吳炳殉國後，此筆變為一根石柱，形如筆狀，象徵吳炳剛烈性格，寧死不屈，人們稱之粲花筆。上世紀 50 年代，「粲花筆」尚在，當地耆老曾向《吳炳與粲花》作者于成鯤介紹過此事。

大約到了清中，五橋莊已轉於他姓，邑人史承楷[2]有《早秋過陸以疑五橋莊幽居留別十韻》，說明五橋莊已歸陸氏，詩曰：

五橋莊畔景幽偏，曲徑紆徐風物妍。
微步恰當新霽候，清吟喜值蚤涼天。
芬芬荷氣醺池上，謖謖松聲出澗邊。
芳草有情眠乳鴨，夕陽無際響秋蟬。
園林似此真佳矣，懷抱如君亦洒然。
記向僧窗彈綠綺，更從漁艇買紅鮮。
呼鶯愛把雙柑酒，刻燭曾分十錦箋。
偶學青囊多妙術，試探丹訣已通元。

2 史承楷，宜興人，清代學者，《江蘇藝文志 · 無錫卷》有介紹。

平生聚散渾難定，今日追隨信夙緣。
還待他時重結社，一憑儔唱餞流年。

又見蔣和[1]《任園歌贈路生應廷》詩：

路生引我城南遊，城南有園似林丘。
入園但覺眼底曠，數折更憐松檜幽。
中有一亭俯芳沼，棲雲大字懸當頭。
其北房廊互縈帶，玲瓏一片垂瓊鈎。
衰荷數柄景蕭索，青桂繁華香鬱浮。
我來亭上把茗甌，桂香荷影憑欄收。
白雲翳樹浩歌發，夕陽畫出前山秋。
生言此園別已久，盛時佳麗今何有？
當軒賣斷洛陽花，映池砍盡西湖柳。
我家兄弟憐售之，中作祠堂奠罇卣。
但令薙氏去荒蕪，寧須匠石堆岡阜。
路生路生謀孔藏，為何今昔悲興亡。
生能永守此勿替，□看簪紱搖鳴鐺。

1 蔣和（生卒待考），字仲淑，號醉峰，江蘇金壇人，繫拙老人蔣衡孫，故又自稱江南小拙。因充四庫館篆隸總校，乾隆欽賜舉人，官國子監學正。精小學、書法，善畫山水、人物、花卉，尤長墨竹。著有《書法正宗》《漢碑隸體舉要》《説文集解》等。

蔣和所言路生，即宜興文士路應廷，路應廷大約嘉慶、道光時在世，說明五橋莊在此時又改他姓，園林尚可遊憩，只是「生言此園別已久，盛時佳麗今何有？」

上海大學文學院中文系主任于成鯤，曾於上世紀 70－80 年代開始研究吳炳，1991 年寫作《吳炳與粲花》一書時，先後 5 次來到宜興，訪問吳氏後人，告知抗戰前夕，五橋莊主廳 —— 粲花齋等尚存，後毀於日寇兵燹。

時過境遷，五橋莊遺址至今僅能識別大致方位，唯見岳飛銅像屹立於當年岳堤之側，又由名人所題的「岳堤秋色」點景石，置放在宜興大酒店濱河道傍。應該記住，歷史上這裏還曾有聞名於世的五橋莊別業 —— 吳炳粲花園。

雲起樓

已聞開小閣，何必更高樓

遺金在道吾亦攫，入朝爭名戰自惡。
胡為徒乎長安歸，骨瘦胆長如野鶴。
君不見饑鴟低飛啄腐鼠，飽鳴入屋人射女。
又不見鶴飛入層雲，赤睛炅炅窺天文。
腹側饑，眼獨飽，下棲舊林覺林小。
征西廟前是舊林，鳳凰果高喧百禽。

此為明代名士羅玘《送吳老歸宜興》[1]詩。吳老即吳仕，「征西廟前是舊林」即指宜興西廟巷吳仕楠木廳。

雲起樓為吳仕楠木廳的其中一樓，也是吳仕城中別墅的別稱。1991

1 羅玘《送吳老歸宜興》詩載於清《嘉慶宜興縣志・藝文志》。

年《宜興縣志》文物古跡載：「吳仕楠木廳坐落宜城鎮西廟巷與白果巷之間，係明代建築，原有前宅、中宅、後宅三進，現存中、後宅7間，均系楠木結構。」

＊ 吳仕楠木廳移建於蛟橋南堍

此樓位於白果巷與西廟巷之間的西段，相距氿濱（團氿）大約200米。明末清初，一代收藏名家吳正志、吳洪裕與吳正己、吳洪化父子曾居住這裏，並留下一段佳話。

白果巷內有解元、進士二坊，解元坊為吳仕而豎，進士坊則為吳炳而立，二坊象徵吳氏宅第曾經的輝煌。

楠木廳坐南朝北，前臨廟西巷，後至白果巷，前後三進，全部用上乘楠木架構，高雅富貴。第一進為門廳，第二進為中堂，曰朱萼堂，面寬皆為三楹。朱萼堂東又建二層樓房，曰太僕樓，匾曰眄柯閣，由董其昌手書。第三進體量最大，面寬四楹。

宅第又闢庭院，內建雲起樓、十友齋、眄柯閣（太僕樓）、富春軒等。至於曲池假山、嘉木奇卉，一一俱全，其中一株石榴，歷經數百年，依然枝繁葉茂。陳維崧《湖海樓詩集》收錄《感懷絕句．孝廉問卿》詩，詩註：「孝廉為洪裕，余姑丈也。祖達可，父正志，皆萬曆間名公卿。家儲法書名畫，下及酒鎗茗碗，陸離斑駁，無非唐宋時物。城中別墅曰雲起樓，極亭台池沼之勝，面水架一小軒，藏元人黃子久[1]《富春圖》於內，鄒臣虎先生顏曰富春居。」鄒臣虎即常州文士鄒之麟[2]，吳洪裕則為陳維崧姑丈，可見雲起樓與這些江南名士的關係，而「雲起樓，極亭台池沼之勝」此等描述，則見當年宅之恢弘，園之風光。

吳儼曾作《聞三弟居城中喜》詩：

城郭依青嶂，門牆帶碧流。
出遊無十里，來往有孤舟。
蝦菜隨時具，詩書不遠求。
已聞開小閣，何必更高樓。

吳儼所言三弟即吳仕。李東陽撰《贈道義大夫禮部右侍郎璞庵公神道碑銘》對吳仕一族有詳細介紹：吳玉子三：長紳；次經，封翰林院學士，加贈如公官；次綸。孫八：長偉，次仁，次儼（克溫其字），次億，次儉（縣學生），次仕（戶部主事），次佶，次儔，皆國子生。楠木廳為何由吳正志、吳洪裕與吳正己、吳洪化父子居住，這與吳仕的家庭情況有關。

1 黃公望（1269 － 1354），本名陸堅，字子久，號一峰，江浙行省常熟縣（今常熟）人，過繼永嘉黃氏為子，居虞山，因改姓黃，名公望。官都察院掾吏，後皈依「全真教」，別號大痴道人。擅畫山水，師法董源、巨然，兼修李成之法，得趙孟頫指授。所作水墨畫筆力老到，簡淡深厚。又於水墨之上略施淡赭。晚年以草籀筆意入畫，氣韻雄秀蒼茫，與吳鎮、倪瓚、王蒙合稱「元四家」。

2 鄒之麟（1581 － 1654），字臣虎，號衣白、逸老、昧庵，南直隸常州武進人，萬曆三十八年（1610）進士，明代官員、畫家。

吳仕子嗣艱難，曾生一子，年僅四歲便夭折，之後因與夫人杜氏及小妾皆未有子，遂以族侄吳駉、親侄吳騆為嗣。清《嘉慶宜興縣志》載：吳仕年六十尚無子，曾由吳佶次子吳騆繼嗣。老來終得二子，長子吳騂、次子吳敦復，二子年幼，吳仕就駕鶴仙逝，家業只能有哲嗣一脈繼承。

＊ 西廟巷為雲起樓原址

楠木廳最初由吳仕五弟吳儉居住，吳儉生六子：分別為吳駰、吳駐、吳騤、吳驍、吳馴、吳駪。長子吳駰 26 歲早逝，以吳騤次子吳達可為嗣子[3]。吳達可生吳正志，吳正志生洪亮、洪昌、洪裕。吳達德生生吳正己、吳正心，吳正己又生吳邃、吳洪化、吳春枝。這個吳洪化後來成為大名鼎鼎的紫砂壺收藏家，其子吳梅鼎又以《陽羨茗壺賦》名揚天下。

吳儉子孫亦是吳氏血脈，並不乏人才。清《嘉慶宜興縣志・忠義》卷八：吳達可，字叔行，萬曆五年進士，歷知會稽、上高、豐城諸縣；吳正志，字子矩，通政使，達可子，幼承家訓，講學東林，萬曆十七年進士，授刑部主事…… 稍遷饒州推官，召為光祿寺丞…… 著《泉上語錄》《雲起樓詩文集》；吳正己，

3　吳騤子：達禮、達可、達德。

字輿則，嘗與文震孟、張納陛諸君子講學東林。萬曆四十三年舉人，為蒙城教諭，遷湖廣隕兵備，乞歸，年七十一卒。著《開美堂文集》傳世；吳正心，字誠先，正己弟，崇禎三年舉人，授雲南富民知縣，官至戶部郎中，著《滇中詩集》10卷。

根據有關資料介紹，雲起樓是由楠木廳改名而來，中國陶都網載《吳仕一脈，供春與紫紗文化》一文：「吳正志和同科進士高攀龍、東林同仁侯方域、名士董其昌等情深意篤，他們常來宜興，同住吳仕留下的老宅中，吳正志特將老宅改名為雲起樓。」

雲起樓並非由老宅改名而來，中國陶都網信息有誤。此樓實際上由吳正志後來新建，高攀龍《題吳之矩雲起樓》有「吾友構高樓，上與南山友」句，可以佐證。

吳正志歸田後，在老宅空地新建雲起樓，高攀龍等友人曾來宜興，雅集於此。董其昌為新樓題寫匾額，高攀龍則作《題吳之矩雲起樓》詩：

吾友構高樓，上與南山友。
推窗延諸峰，憑几揖群阜。
樓中列萬卷，亦貯泉百缶。
彝鼎皆商周，圖書悉科斗。
客來賞奇文，疑義相與剖。
遞品陽羨茶，呼取惠山酒。
或時自宴坐，澹然一何有。
青山時雲出，白雲時入牖。

人生一如此，幻化安能久？

借問天壤間，何者是不朽？

雲起樓是座藏書樓，也是藏品樓，高攀龍詩言「樓中列萬卷，亦貯泉百缶」，道出樓之奧祕。後來，是樓由吳正志兒子吳洪裕居住，而朱萼堂、太僕樓則歸吳正己子吳洪化。

邑中文士陳貞慧[1]與吳洪裕為好友，陳貞慧《秋園雜佩》有《鸚鵡啄金杯》一文，曰：「余友問卿，家藏鸚鵡啄金杯。每過雲起樓，促膝飛觥，出成杯勸酒，醉眼婆娑，睹此太平遺物，不勝天寶《琵琶》之感。」陳貞慧為陽羨詞派陳維崧父親，父子名聲，時震江南。

太僕樓又稱眄柯閣，「眄柯」語出陶淵明《歸去來兮辭》，即取「引壺觴以自酌，眄庭柯以怡顏」意，此匾現收藏於宜興市博物館。

眄柯閣與宜興紫砂有密切關係。在考古發掘中，曾發現「時大彬眄柯閣製」的紫砂殘片。時大彬[2]為明末宜興紫砂壺製作泰斗，大彬製壺藝術名揚海內。吳氏祖孫三代痴迷於紫砂壺的收藏，時大彬也曾「坐藝」朱萼堂，為吳氏留下許多珍品。根據殘片推斷，時大彬在朱萼堂「坐藝」，名不虛傳。

1 陳貞慧（1604 – 1656），字定生，常州宜興，人明末清初散文家，復社成員，文章風采，著名於時，與冒襄、侯方域、方以智合稱「明末四公子」。

2 時大彬（1573 – 1648），號少山，又稱大彬、時彬，父為紫砂「四大家」之一時朋。時大彬開創調砂法製壺，古人稱之為「砂粗質古肌理勻」，別具情趣。

關於時大彬「坐藝」朱萼堂一事，周高起《陽羨茗壺系》書中可以得到證實：「今傳世者，栗色闇案闇，如古金鐵，允稱神明垂則矣。世以其孫姓龔，亦書為龔春。人皆徵為龔，予於吳問卿家見時大彬所仿，則刻『龔春』二字，足折聚頌云。」吳問卿即吳洪裕，周高起曾在朱萼堂見到時大彬仿供春壺，並刻「供春」二字。乾隆年間，褚邦慶《常州賦》亦留「磁壺精工，明供春心裁特擅」句。

《陽羨茗壺系》附其《過吳迪美朱萼堂看壺歌兼呈二公》詩，詩中有「吳郎鑒器有淵心，曾聽壺工能事判」句。吳迪美即吳洪化，吳洪化具有很強的紫砂壺收藏鑒賞能力，對每把壺如數家珍，他甚至將壺與三代彝器一同收藏把玩。而周高起工文辭，喜校書，對宜興紫砂頗有研究。故此，周高起作詩贈送吳迪美、馮金吾二公，詩序：「供春、大彬諸名壺，價高不易辦，予但別其真，而旁搜殘缺於好情，用自怡悅，詩以解嘲。」詩云：

新夏新晴新綠煥，茶式初開花信亂。
羈愁共語賴吳郎，曲巷通人每相喚。
伊予真氣合奇懷，閒中今古資評斷。
荊南土俗雅賞陶，茗壺奔走天下半。
吳郎鑒器有淵心，曾聽壺工能事判。
源流裁別字字矜，收貯將同彝鼎玩。
再三請出豁雙眸，今朝乃許花前看。

高盤捧列朱萼堂，闌未開時先置贊。
卷袖摩挲笑向人，次第標題陳几案。
每壺署以古茶星，科使前賢參靜觀。

如果說眄柯閣與宜興紫砂有關，那麼，雲起樓又與黃公望《富春山居圖》結下緣淵。吳正志與吳仕一樣，有「閒雲野鶴」之趣，喜歡收藏。《富春山居圖》為董其昌藏品[1]，董其昌晚年時，將此畫賣給了吳正志，吳正志又傳給幼子吳洪裕。吳洪裕對此畫珍愛有加，嗜畫如命，與之朝夕相處，並將藏畫的房屋改名富春軒（一說新建），陪伴其終身。富春軒匾額由鄒之麟題書，鄒又在《富春山居圖》上作長句題識，云：「知者論子久畫，書中之右軍也，聖矣。至若《富春山居圖》，筆端鼓舞，有右軍之蘭亭也，聖而神矣。海內賞鑒家願望一見不可得。余辱問卿知，凡再三見，竊幸之矣。問卿何緣乃與之周旋數十載，置之枕籍，以臥以起。陳之座右，以食以飲，倦為之奕，悶為之歡，醉為之醒，家有雲起樓，山有秋水庵，夫以據一邑之勝矣……」《富春山居圖》相伴吳洪裕直至臨終，最後竟焚此畫以殉葬。這一情形正好被侄兒吳靜庵（即吳貞度）遇見，吳靜庵連忙從火中搶出，《富春山居圖》終於保了下來。遺憾的是，畫之前段已過火，無法彌補此損。後來，受損的《富春山居圖》分為兩幅進行裝裱，大的部分稱「無用師卷」，小的稱「剩山

1　先由沈周收藏。

圖」。1764年「無用師卷」落入乾隆皇帝之手，現藏於台灣故宮博物院；小的部分稱「剩山圖」，現藏於浙江省博物館。按：安璿[1]有《楓隱追懷富春山圖》詩：

楓隱禪林枕山麓，流泉百道栽花竹。
石橋松徑枳籬間，靈山面面看茅屋。
本是延陵公子居，疏窗閟閣何年築？
豪華舍宅師短簿，衲㮣篡位坐曲盝。
讀書面壁雖岐路，名士高僧並不俗。
最憶山房舊珍祕，風雅當時誰寓目？
焚香再拜大癡筆，富春十丈煙巒幅。
驚人如攜謝眺詩，世上畫工徒碌碌。
朝披一片桐江雲，茫茫笠釣生綃綠。
羊裘五月煙波寒，夜伴嚴陵此中宿。
將身入畫不知老，佔斷人間好清福。

雲起樓留下的這些往事，成為一段歷史佳話，至今回味依然無窮。話題回到楠木廳，抗戰期間，第一進門廳與第二進朱萼堂以及太僕樓、雲起樓、富春軒等相繼毀於日寇兵火，僅剩最後一進沒有殃及，得以保存至今。

1 安璿（1629－1703），字蒼涵，號孟公，又號潔園、廣居子，南直隸常州無錫人。清初書畫家、詩人，工書畫，敏於詩。

1993年，宜城西廟巷一帶進行片區改造，建設居民小區——建設新村，吳仕楠木廳遺存移建於200米之外的汍瀆公園蛟橋南堍，並增建院牆，加以保護，現公佈為無錫市文物保護單位。而雲起樓所在地街巷肌理並未變化，白果巷、西廟巷之名沿用至今。

侯方域[2]《雲起樓記》:

戴子、陳子延侯子登於雲起之樓，徘徊四望，意憮然，若有不能釋者。顧謂侯子曰:「此余邑故孝廉吳問卿氏之樓也，子曷為記！」侯子曰:「余雖未交孝廉，然而嘗聞此樓矣。當孝廉在時，好尚風雅，流風可挹。嘗於此樓晨夕招賓從溪光山色相吟眺也。夫孝廉在而此樓之盛時，余皆不及見，今乃欲記之，又烏從而記之耶？」言未畢，二子且愴然以悲，泫然以涕。

侯子曰：是無庸也！夫吾與子所閱歷十年之間，蓋有大於此樓者，今有存焉者乎？其主人亦尚有如故者乎？而孝廉前二年始死，此樓雖非其舊，而尚可登攀而問，然則吳氏之所得亦已多矣！。夫天下事，獨志其盛而且遺其

2 侯方域（1618－1654），字朝宗，號雪苑，河南商丘人，明末清初散文三大家之一，復社領袖。清朝順治十一年，37歲的侯方域因懷才不遇而鬱悶，又思念香君，染病身亡。清初作家孔尚任撰《桃花扇》劇本，描寫的就是侯方域與秦淮名妓李香君的愛情故事。著《壯悔堂文集》10卷、《四憶堂詩集》6卷。此文錄自《壯悔堂文集》。

衰，則是必欲賡《柏梁》而為詩，陪《上林》而為賦，而阿房之劫灰，玉華之妖鼠，可以輟筆而不作也。

吾聞是樓之下曰富春軒，孝廉嘗藏黃子久所畫《富春圖》於此。其死時，若有慨其後之不能守者，命投諸火以殉。或曰：孝廉於是乎不達觀矣，夫天下事而苟付之得其所，則貽之子孫與傳之其人無以異也。昭烈謂諸葛亮曰：嗣子如不可輔，君自取之。天下之大，尚且如此，而況於一圖，況於藏此圖之一軒一樓哉？不然，吾目中實未見可與，而又不思所以置之，即使有人於此珍而藏之什襲，吾又安知其果異於水火糞壤耶？大凡天下之神奇，不顯於明，必藏於幽，苟無人以傳之，必有鬼物以陰護之。然則以達觀責孝廉者，不惟不知孝廉，亦淺之乎論達觀者也。

孝廉死時，歲在庚寅，余後二年始至，為壬辰。先是孝廉之父納言公之作是樓也，當明神宗時，今五十餘年矣。納言嘗延梁溪高忠憲公坐臥其上，而屬雲間董尚書為之題，今尚在，蓋孝廉守其志以無失類如此。嗚乎！所謂五十年者，固不可追而問矣；。即庚寅與壬辰，相去不過一二歲，而余曾不得及孝廉之在時，一觀此樓之盛，其後當何如也，又焉能已於二子之愴然而泫然哉？孝廉又有南嶽別墅，死時舍為寺。

蘭墅

疊嶂開圖畫，流泉清夢魂

為憶名園勝，重來倚樹根。
屐聲秋葉徑，寒色晚煙村。
疊嶂開圖畫，流泉清夢魂。
諸君多雅興，石上設琴尊。

此為清人儲麟趾[1]《同位存衎存長源重過蘭莊》詩。詩人所云蘭莊即蘭墅，又名楓隱園。

蘭墅，顧名思義，是一處可聞幽蘭之香的郊野別墅。宜興南山多產蘭，宋《咸淳毗陵志·風土》卷十三：「蘭蕙，山谷（黃庭堅）云：『一干一花香有餘者蘭，一干

1 儲麟趾（1702 – 1783），字履醇，一字梅夫，江蘇宜興人。乾隆四年進士，由編修考選貴州道監察御史，伉直敢言。官至宗人府府丞。有《雙樹軒集》。

＊ 在楓隱園舊址新南嶽山莊

＊ 南嶽山莊為當年楓隱園舊址

五七花而香不足者蕙』，多產宜興。」

蘭墅又名楓隱園，位於城南南嶽山，別墅主人吳洪裕。清《嘉慶宜興縣志．隱逸》卷八：吳洪裕「有別業曰蘭墅，擅一邑之勝，名人王稚登、董其昌皆從之，又為繪圖作記。洪裕常寢處其間，日召客飲酒，醉後則瘋陶杜詩，卒後舍為僧院。」《光緒宜興縣志》載：「楓隱禪寺在南嶽山北，明孝廉吳洪裕別業，名蘭墅，為南嶽園亭之冠。王稚登、董其昌皆有記。」

南嶽山為宜興名山，且與三國時期（東吳）孫晧封禪有關。公元 276 年，孫晧封禪於國山，改紀元為天璽元年，遂禪此山為南嶽。

南嶽山位於君山北麓，距離宜城 10 公里。南嶽自古多高僧，宋《咸淳毗陵志．觀寺》卷二十五：「勝果禪院在南嶽山，齊永明二年（484）建。唐天寶中（746－750），稠錫禪師廬其旁，有滌腸池，卓錫、珍珠二泉，天然井，又有吳越金書《法華經》二帙，國朝改今額。鄒道鄉 [1] 歸自嶺表，卜居未遂，李丞

1 鄒浩（1060 － 1111），字志完，號道鄉，常州晉陵人。元豐間進士，官至兵部侍郎，著有《道鄉集》四十卷，《四庫總目》傳於世。

相伯紀[2]有『乞取西庵踵道鄉』句。紹定初（1228）重創法堂云。」相傳，稠錫禪師自桐廬至南嶽，見寺旁無水，便以禪杖敲開地脈，得一泓清泉；禪杖插地，又化作一株奇樹。禪師思念故鄉茶，於是有白蛇銜來桐廬茶籽，在山育成茶園，自此，禪師以清泉泡茶，美不勝收。吳洪裕大概是衝着名山、名泉、名茶、名刹及稠錫禪師而去的。

考楓隱園的具體位置，此園位於西塢間，坐南面北，背靠南嶽。南嶽之脈之周山與饅頭山在此形成夾角，邑人稱之西塢。

吳洪裕既是雲起樓主，又是蘭墅別業莊主。實際上，蘭墅初由父親吳正志創建，後由吳洪裕治理，並有所拓展。董其昌《蘭墅後記》曰：「荊溪蘭墅者，吳孝廉問卿所仍，光祿公澈如之作，而疏泉斸石，益拓舊觀者也……問卿所以盡傷心也，歎曰：先君子生為當門之剪，歿為空谷之馨，蘭墅之稱名徵矣。」吳正志曾官光祿寺丞，董其昌故稱其為光祿公。

吳洪裕（1598－1650），字問卿，號楓隱，南直隸常州府宜興人，參議吳正志子，萬曆四十三年（1615）舉人，入清後隱逸不出。娶宜興亳村都御史陳於廷之女，無出，以長兄吳洪亮三子貞觀為嗣子。一生嗜好收藏，又喜林泉。

---

2 李綱（1083 － 1140），字伯紀，號梁溪先生，常州無錫人，祖籍福建邵武。兩宋之際抗金名臣，民族英雄。能詩文，寫有不少愛國篇章。亦能詞，其詠史之作，形象鮮明生動，風格沉雄勁健。著有《梁溪先生文集》。

＊ 南嶽山莊為當年楓隱園舊址

蘭墅自然風光極佳，「泉石林巒，實甲江左」，園中疏影橫斜，梅香四溢，又築方屋、嘯閣、函經閣、觀瀑亭等，樓閣亭台亦勝他處。順治年間，邑人陳維岱對楓隱園一帶風光曾作這樣描述：「出城南十里，入山夾路皆松濤竹翳，又聞澗聲潺潺不絕，山愈深徑愈曲，依山而轉，梅花雜發，每當春日，邑人莫不挈酒攜榼，過而訪之。」而堂兄陳維崧[1]《多麗・初夏遊南嶽小憩楓隱寺》詞亦加讚美：

弄微風，城南賣酒旗偏。且屏當、笛床棋局，停橈第五橋邊。嶺濛濛、如將着雨，波細細、尚未成煙。妙欲生香，空能釀翠，人家四月焙茶天。迤邐處、松脂石骨，碧暗寺門前。僧寮好、窗中籬筍，廚下山泉。　試低回、亭台金粉，曾經烘染多年。畫廊攲、半龕佛火，雕欄換、一抹寒田。誰向行人，頻提往事，小樓鶯語最輕圓。支頤久、危岡亂木，暝色漸蒼然。徐歸去、群峰殢我，晚髻尤妍。

又填《八六子・楓隱寺感》詞，描即時景象：

1 陳維崧（1625 – 1682），字其年，號迦陵，南直隸常州府宜興人。明末清初詞人、駢文作家，陽羨詞派領袖。

弄楊絲，重過廢館，閒池頓起思量。正彷彿紙鳶舊處，依稀竹馬兒時，巡檐繞牆。　　當年無限風光。月照千山裙幄，鶯啼一院糟床。漸舞榭成墳，歌台作寺，松蘿已老，梅妻都嫁，祇剩亂澗，閒騰鼯鼬，矮坡斜下牛羊。太蒼茫、疏林一抷斜陽。

吳洪裕在蘭墅除了疏泉斸石，益拓舊觀外，還在這裏引進了一種叫蓴鱸的植物，陳貞慧曾在《秋園雜佩》集中記述這一植物：「雲間張季鷹聞秋風起蓴鱸，便拂衣歸，人高之，而蓴之風味始著吳中，他處亦不甚產。崇禎戊寅，問卿從西湖移至南嶽蘭墅澗中，其類遂繁，五六月間莖長丈許，凝脂甚滑，真如晶透雪葡萄也。味甚淡而旨，想季鷹秋風正饞此耳。或曰：惟南嶽澗中為然，移置他所，概不活也。」

蘭墅何因捨為禪院？吳貞度《楓隱禪林碑記》曰：「泉石林巒，實甲江左，以順治七年十月佈施龍池萬如和尚，將以剪伐愛根，消除我相，出俗入禪，改園為寺，賢者寄託，何多議焉！」原來，吳洪裕是為「剪伐愛根，消除我相，出俗入禪，」故將蘭墅（楓隱園）佈施給龍池萬如和尚，時間是順治七年（1650）十月。

邑人萬錦雯曾填詞《意難忘・春暮同友人遊楓隱寺》：

欲去春光，趁今朝留住，山寺相羊。花殘迷蝶翅，柳暗轉鶯簧。朝日麗，午風颺，嵐翠撲衣裳。喜招邀、吟朋三五，逸興悠揚。　　奈他台榭蒼涼，剩琳宮丹粉，隱隱頹牆。亂藤穿石磴，飛瀑罨雲梁。漱齒罷，引杯長，憑弔對斜陽。歎從來繁華，彈指都入滄桑。

明清鼎革，百年滄桑，蘭墅別業與楓隱禪院早已無存，至今少有人知曉昔日往事。筆者於農曆己亥初夏尋訪舊址，見此地已建南嶽山莊，作為鄉村旅遊的目的地，數百米之外即是寧杭高鐵，不時有列車呼嘯而過。

宜興東氿新城今有楓隱路，又有楓隱廣場，為市民休憩好去處，殊不知「楓隱」之始，乃明季吳氏洪裕之號也。

吳貞度《楓隱禪林碑記》：

楓隱禪林者，余叔孝廉公之別業也。以余叔故顏以其號，始則買山之巢父，終為捨宅之王珣。泉石林巒，實甲江左，以順治七年十月佈施龍池萬如和尚，將以剪伐愛根，消除我相，出俗入禪，改園為寺，賢者寄託，何多議焉！

構造未加，萬公西去，池台已矣，殿閣云何？粵有弟子梅山，首罄盂貲，以倡善信，緇白鱗、集珍財，泉湧自順治十五年入院之後，鳩工庀材，首建大雄於祝融峰之西麓，次禪堂、次祖堂、次山門、方丈室，次第咸建。余亦撤山阿別墅，以助輪奐，數載之內，蔚然叢習。於是，以法筵為凡榻，以雲水為賓朋，以清靜為登臨，以證悟為閒適。賢哉，楓隱雖逝，猶存千劫，因緣允在茲地，用告來世。爰勒斯銘。

銘曰：東嶽之東，峰曰祝融，群峰是雄。枕峰而原，繞以荔垣，給孤之園。有林有泉，亭亭連綿，楓隱在焉。觴詠簫歌，為樂幾何？彈指刹那。毗嵐叢風，吹作太空，歸我萬公。公曰善哉，楓隱法開，梅山當來。寶地煒煌，中現法王，白毫相光。堂峙殿陰，室俯殿岑，鼉鼓發音。以震群聾，覺於無窮，斯銘之功。

陳維岱[1]《遊楓隱寺記》：

出城南十餘里，入山，夾路皆松濤竹翳，又聞澗聲潺潺不絕。山愈深，徑愈曲，依山而轉，梅花雜發。每當春日，邑人莫不挈酒攜榼，過而訪之，蓋數十年於茲矣。

丁未歲餘，余同儲子友三、曹子南耕、仲兄半雪，探梅山中，憩楓隱寺，飯於僧舍而歸。寺為孝廉吳公園址，孝廉，余姑丈也，自號楓隱居士，故名其園，亦曰楓隱園。孝廉沒而舍為寺，猶言楓隱者，物不忘其初也。

先是，孝廉在日，於春花秋月、夏雲冬雪之時，常攜賓從過，作數日歡。憶余為童子時，孝廉挈余至，坐方屋中，旋登函經閣。陟山崖之亭，觀澗水沖激處，名曰瀑布者。又澗內所生蕁菜，孝廉常取以啖余，嗚呼，何其盛

1 陳維岱（生卒待考），字石閭。南直隸常州府宜興人，陳維崧從弟。李自成破京師，其父陳貞達死之。維岱緣此終身不求仕進。有《石閭詞》《二十一史約編》等。《遊楓隱寺記》錄自《嘉慶宜興縣志》。

耶！及孝廉沒，余亦間歲一往，然一過焉。而台之圮者有矣，池之淤者有矣，再過焉，而方屋之精，函經閣之勝，不可復問矣，蓴菜之味更不可嘗矣。嗚呼！又何其盛之倏改耶！余少時所見，既不可復得，今乃再過此地，已二十年矣。自傷齒日益長，卒無所成，而孝廉之家勢，亦中落而不復振。嗚呼！豈不重可慨耶！

夫孝廉亦欲以其園傳之世世，使其子若孫有之，不異其身有之也。何意不數年後，高峰曲澗，竟為梵宇有哉？然園不屬之孝廉，寺猶屬之孝廉，又安見楓隱之寺，而非楓隱之園也歟？同遊者詩以感之。

蒹葭莊（宜興）

為問蒹葭莊，秋水渺何處

遺跡溯前朝，名流舊曾住。
為問蒹葭莊，秋水渺何處？

此為清代宜邑湯翰[1]《歸美橋》詩，詩中所言蒹葭莊，即北渠吳氏所築園林。

北渠吳氏所築蒹葭莊共有兩處：一處位於常州城南白蕩湖畔，為吳中行子吳兗（行六）所建郊野林泉；一處位於滆湖東岸，即宜興閘口鎮歸美橋北楝樹港，為萬曆五年吳中行罷官歸里所築別業。歸美橋因西施而名，相傳西施到過此地，故名，今在和橋鎮。湯翰所云蒹葭莊，是指後者，即宜興楝樹港。二地園林為何皆曰「蒹葭莊」？清《嘉慶重刊宜興縣志．寺觀》載：「在水庵，明吳學士中行別業，本名蒹葭莊。中行劾江陵奪情，後居此，復召後舍為庵。按：中行子孝廉兗，復移莊額以名其別墅，在郡城南門外茶山。」《光緒宣統宜荊續志．地理志》亦載：「蒹葭

1　湯翰（生卒待考），宜興人，工詩古文辭，著有《紫霞書樓詩文集》。

莊即今在水庵，在歸美橋西北，明吳學士中行退省於此，後舍為寺。」二者記載角度有所不同，但敘述同一件事情：即「在水庵」由北渠蒹葭莊演變由來；郡城南門外茶山蒹葭莊由吳兖「復移（北渠）莊額，以名其別墅」。

北渠舊屬宜興閘口鄉，今併入和橋鎮，閘口舊鄉已改為閘口行政村。查 1983 年《宜興縣地名錄》:「閘口公社位於宜興北面 19 公里，東與南漕公社相連，南與萬石公社相交，西與和橋公社接壤，北與武進縣五洞橋交界，公社以原駐閘口村命名。」又載：「北渠大隊以北渠村命名。北渠村上有一溝渠通向北面大河。」此為閘口北渠的來歷。楝樹港、北渠村是一個重要的地理標誌，由此確認蒹葭莊的所在位置。筆者曾隨老友、北渠人徐鎮鼇先生實地考察北渠村、楝樹港及蒹葭莊舊址。根據實地考察，得出這樣結論：蒹葭莊舊址位於北渠村以西二里許，位於歸美橋西北三里許，楝樹港與蒹葭莊舊址僅隔里許。楝樹港在北渠村西 200 米處，原為武宜運河上的一處河埠，處於運河之中段，原為當地鄉民往返郡城與宜城之間的重要碼頭。

＊ 宜興閘口北渠村

蒹葭莊（在水庵）地形現狀：南北西三面環河，林木蔥蘢，蒹葭叢翠，舊築掩隱其間。南面河塘寬闊，西面部分淤塞，東面為鄉村道路，北面又有河道環繞，水陸面積50餘畝。現有房屋三進，其中一進與二、三進之間有河道分隔，以小橋相連。山門前有一株古銀杏，樹齡在500左右，枝繁葉茂，生機勃勃，又有石獅一對，遺棄河畔。據當地耆老介紹：歷史上的蒹葭莊三面環湖，一面成陸，是為半島，風貌獨具。舊時這株古銀杏一直被視作滆湖航標，給水上航行帶來便利。

* 位於宜興閘口北渠的蒹葭莊舊址

吳中行為何選擇此地營建林泉？北渠為吳中行祖居地，按《北渠吳氏族譜》記載：北渠吳氏自祖旺一公徙居宜興北渠，至吳中行已為六世。明嘉靖年間，吳中行父親吳性由北渠遷至郡城（常州）洗馬橋，而吳中行對北渠仍是一往情深。更重要的是，在其人生經歷中遇上一次重大坎坷與曲折。《明史．列傳》載：萬曆五年（1577），「居正遭父喪，奪情視事。御史曾士楚、吏科都給事中陳三謨倡疏奏留，舉朝和之，中行獨憤。」按理張居正「丁憂」，理應棄官家居，守制服行，期滿再補職，而張居正違反這一禮俗。吳中行於是帶頭上疏，認為不可。張居正得知後非常氣憤，當面怒斥，中行不為所動。張居正和馮保想「廷杖」中行，第二天，廷議譁然。張居正我行我素，「遂杖中行等四人。明日，進士鄒元標疏爭，亦廷杖，五人者，直聲震天下。」「中行等受杖畢，校尉以布曳出長安門，舁以板扉，即日驅出都城。中行氣息已絕，中書舍人秦柱挾醫至，投藥一匕，乃蘇。輿疾南歸，刲去腐肉數十臠，大者盈掌，深至寸，一肢遂空。」

身受酷刑的吳中行大難不死，便回到北渠老家療傷。中行見滆湖之濱，蒼蒼蒹葭，歲歲枯榮，人生如此，有伏有起，於是萌發在祖居地構築別業，名曰蒹葭莊。

蒹葭莊當年形制、規模皆不詳，僅知其居名「伊人所」。所謂伊人所，即復庵（吳中行號）公所居矣，這裏有西太湖（滆湖）、西施塘，歸美橋，故而成為是他的理想之所。

晚清，本鄉吳覲[1]《鷗園隨筆》記道：「伊人所在水淼湖西滆湖，明季先學士復庵公諱中行別業也，名蒹葭莊，額曰伊人所。公疏論張居正奪情，廷杖後養創於此。家人邏守，夜半忽有人立於前，公問，為詳曰：『奉張相命刺公者，某不忍，故來告公。』公曰:『然，則何去？』曰:『尚有繼某至者，為公伺之。』既而前曰：『後來者逐矣，公自此可無患，某亦從茲逝矣。』遂不後見，至改莊為庵，此公賜環後事云。今有在水庵舊址依稀可見。」

萬曆十年（1582），張居正卒，吳中行復出，離開北渠時，其舍宅為庵，取名在水庵，寓《詩經·蒹葭》「在水一方」意。《明史·列傳》:「九年，大計京官，列五人察籍，錮不復敍。居

1 吳覲（生卒待考），字荆氓，別字覺庵，宜興閘口歸美橋人，北渠吳氏十五世，貢生。工書畫，寫生得惲壽平法，有《鷗園集》。

正死，士楚當按蘇、松，憮然曰：吾何面目見吳、趙二公！遂引疾去。三謨已擢太常少卿，尋與士楚俱被劾削籍。廷臣交薦中行，召復故官，進右中允，直經筵。」以上就是《鷗園隨筆》所說「賜環」一事[2]。萬曆五年（1577），吳中行慘遭杖刑，輿疾南歸；萬曆九年（1581），吳中行復出，在北渠歸隱療傷時間共有4年。

值得一提的是：吳中行在鄉別業，始終按《詩經・蒹葭》意境而闢，從「蒹葭莊」到「伊人所」，再到「在水庵」，營造了「蒹葭蒼蒼，白露為霜。所謂伊人，在水一方」之意境，這正是江南士子吳中行的情懷。

不過，《北渠徐氏宗譜》與《宜興縣志》《鷗園隨筆》記載有所不同，《北渠徐氏宗譜》錄清人徐士標[3]《在水庵記》，曰：「茲庵故址乃先朝學士吳公別業，數傳而後廢為荒草，所存者衰桷數椽而已。」按此說，在水庵並非由吳中行舍宅為庵，而是有「吳氏數傳，而後廢為荒草」，順治初年，由本鄉徐元坦購得，先為徐公容膝之所，康熙年間，徐公捨宅為庵[4]。

關於在水庵，閘口吳氏與徐氏還發生過一場官司。事情經過是這樣的：光緒十九年（1893），吳氏認為在水庵原為先祖別業，庵內應設吳中行牌位，於是供牌於庵，「籍留先祖遺跡，以

2 即放逐之臣遇赦召還。

3 徐士標（生平不詳），其子徐宗襄為宜興近代詞人，幼以神童著稱。道光二十九年（1849）中舉，官內閣中書。詩詞作品較多。

4 見民國《北渠徐氏宗譜》錄乾隆年間徐士標《在水庵記》。

* 在水庵前的古銀杏

展思孝」；而徐氏認為「吳姓來寺供牌，竟不通商，於情理太不合切」，吳、徐二姓為此發生爭執。最後，由鄉間耆董出面，聘請武進、宜興兩縣紳士16人進行調解，終於達成共識：庵歸僧人所有，吳氏先祖神牌供於廂屋，庵中之事昔照舊章，歸山主徐氏照料。宜興縣衙收到呈文，批紅曰：「察核所議，具屬公允，應准立案，嗣後徐吳二姓毋再各執己見，致啟爭端，切切。」《在水庵備案》擬定後的百餘年間，徐吳二姓，和睦共處，未再爭端[1]。

吳中行父子與林泉淵源頗深，吳亮建小園、止園，吳元建東第園，吳襄建青山莊，吳兗追思父親，故移北渠舊額，在常州重建蒹葭莊。

經過400年風雨，北渠蒹葭莊早已無存，而由吳中行舍別墅為佛門的在水庵至今依稀可辨，相傳西施途經滆湖的歸美橋亦在鄉間。新中國成立前後，在水庵相繼創辦蘭陵小學、棟樹小學。校門在水庵而北渠，一條東西流向的鄉村小河，經過疏浚重新煥發生機。北渠不僅有蒹葭莊，畫壇一代宗師吳冠中故居亦在這裏。

1 此事經過詳見《在水庵備案》。《在水庵備案》收錄於《閘口世德堂徐氏宗譜》。

徐士標《在水庵記》：

從來梵剎之建必有始亦有由，成味其所由始者，固為忘本而忽其所由，成者亦不知前人創建之艱也。

茲庵故址乃先朝學士吳公別業，數傳而後廢為荒草，所存者衰桷數椽而已。繞基雖有荒灘數十餘畝，然昔生息不足以償糧漕，故屢貸而莫能售。幸地耆徐公元坦有擔當氣概，順治初年，售而得之，將別為容膝所。既而諦觀，則三面環湖，每至冬秋，一望皆白荻丹楓，蕭條態多，怡情致少，遂默計斯地，宜僧不宜俗，思得一有骨幹，能作苦行修功德者卑焉。一見僧歸源，乃喟然曰：此其人矣，捨此更無能闢茲土者，維時荊棘，蒙茸早晚，無非蒼煙白露，鬼磷螢火。歸源與徒慧清竭作於家，行化與市，積數十載之至誠，乃遇本邑耆紳蔣公捐金助之，由是門庭堂殿，以次幸成，向之數椽蓋片瓦，無存焉已。繞基荒灘，又幸得元坦侄仲甫徐公捐黃米二十餘擔，以為開墾之資，繇是刈荊棘，闢土地，築堤埂，浚池圩，而向之荒燕者漸至成熟矣。

乃波平復起，地豪潘雲拂詐控官，污以漏糧，僧明德械繫箠楚，所不必言，更及山主嗣孫爾輔徐公亦受辱焉。然後則升科，永為庵產，此為康熙四十一年事也。綜而計之，此地始於吳，繼於徐，而終歸於僧，此其由來也。

＊ 鷗園位於宜興閘口歸美橋北側

若夫！所由成則更可悼焉，當其募化無功也，將欲自經者一，歷年多所而衣食缺少，經凍餓而欲斃者凡幾，後賴有偉僧創守而能盛。慧清之後有明德，明德之後有德周，造禪堂，新佛像，庵內改觀而不謂，又有斷游為之繼述焉。方丈嵩山拱坐三載，退歸在水庵，創建前後兩旁廳樓數十餘間，高大門牆，巍然煥然，猗歟盛哉。吾為之總論始基哉，歸源、慧清之謨丕成哉，德周斷游之烈，苟不詳其本末，將後之居是庵者，安知不以是庵為天造地設而輕忽之也，是為記。

乾隆十九年甲戌滆湖主人士標謹撰

鷗園

地不出闤闠，而丘壑自具

蓮花塔小卓如錐，座鎮千丘不厭卑。
逼岸影欹魚引避，巡檐果熟鳥偷窺。
苔鬚塞徑羊腸窄，石卵裝橋雁齒危。
密樹圍陰微雨後，纖纖新月半為規。

此為清中邑人邵申寶[1]《鷗園即景》詩。鷗園又名歸來墅，取陶淵明「歸去來兮」意，位於滆湖東三里許閘口鎮南歸美橋，園主人是北渠吳氏十五世孫吳覲。

歸美橋既是村名，也是橋名，改革開放前後，這裏曾建歸美大隊，屬閘口公社（鄉）。1983年《宜興縣地名錄》載：

1 邵申寶（生卒待考），字汝琮，一字奕，常州宜興人。弱冠後補諸生，後為國子監生，其教授之徒都發科成名。工書法，著有《治山詩草》。

歸美大隊以歸美橋村命名。相傳，西施從吳國回楚時經過此橋，歸美大隊駐歸美橋村。

「歸美」一名與西施有關。相傳越王滅吳後，范蠡攜西施泛舟五湖，隱於延陵，離歸美橋不遠處還有西施蕩，筆者曾踏訪此地。不過，歸美古橋因蠡河拓寬而被拆除，西施之蕩則由泱泱湖陂湮為一潭小池。

歸美橋原為單孔石拱橋，橫跨武宜運河（即西蠡河，當地人又稱塘河），北望楝樹港。宋《咸淳毗陵志》載：「歸美橋在縣東北運河之曲，俗名『龜尾』。寶慶間（1225－1227）沈次父倡率改造，毀於嘉熙二年（1238），今復焉。」2000 年，武宜運河（西蠡河）拓浚，古橋拆除，今在原址南百米處新建公路橋樑，仍曰「歸美」。

吳觀（生卒待考），字荊岷，別字覺庵，號鷦園，常州宜興人，貢生。工書畫，善詩文，寫生得惲壽平法。有《鷦園集》存世。

吳觀係北渠吳氏後裔，《北渠吳氏宗譜》載：吳貞立遷居宜興柵頭橋。柵頭橋即歸美橋，清《光緒宜興荊溪縣志》：「歸美橋俗名柵頭橋，在運河之曲，舊名龜尾，又稱斜橋，道光二年里人張光燦募資重建。」吳貞立大約在清初康熙年間遷至歸美橋，為歸美橋吳氏始遷祖，吳觀為三世孫。

吳觀緣何以「鷦」名園？「鷦」即為小鳥 —— 鷦鷯，《莊子．逍遙遊》云：「鷦鷯巢於深林，不過一枝。」吳觀取莊子「逍遙遊」意，形容自己園之小但可安身自適，表現了一個歸隱者的閒適情趣。

鷦園為二畝之園，園中卻壘土疊石為丘壑。登丘而望，可見滆湖風帆，又見銅官、鵝岢諸峰。小丘之下有一曲池水，佔園之面積三分之一。池中蒔蒲草、芙蕖、葭葦之屬，又蓄錦鱗數十尾，供人觀賞同樂。園內增築飲虹亭，再建課花館，館前亭後，修篁蕙蒨，池邊庭中，花藥紛鬱，亦有林泉之趣。吳觀「暇則讀書於此，客至汲泉煮茗，或呼僮具杯酌，擷園蔬為饌，有古隱士之風。」而此園與前輩吳中行的蒹葭莊僅是三里之遙。

鷦園不知毀於何時，至今無覓。筆者曾隨北渠耆老徐某踏訪舊地，有村民僅能指認歸美橋舊址，而不知鷦園之跡，憾矣！《鷦園記》曰：「橋之北有宅一區，曰歸來墅（鷦園）」由此分析，當年鷦園應在新建歸美橋北大約 200 米處，歸美橋自然村在矣，遺址依稀可辨。

吳德旋 [1]《鷦園記》：

滆湖東三里許，地名歸美橋，橋之北有宅一區，曰歸來墅。墅中所謂鷦園者，縱廣不及二畝，園之主人安其小也，故名。

園中壘土疊石為丘，登丘而望，隱隱見滆湖如縈帶。銅官、鵝岢諸峰，其秀皆可攬挹。丘之下在為池，三分其園之廣，而池居其一。池中有蒲，有蓮，有葭葦之屬。鯈

1 吳德旋（1767 — 1840），字仲倫，吳觀堂弟，常州宜興人，貢生，曾三次入京參加考試不中，以教書糊口。後改學古文，以姚鼐為師，著有《初月樓集》。別有《初月樓古文緒論》宣傳桐城派文章作法。

魚數十尾，瀲瀲乎其間。池之北為「飲虹」之亭，折而西，為「課花」之館。庭中花藥紛郁，修篁蕙蒨，掩映闌楯之前。主人暇則讀書於此，客至汲泉煮茗，或呼僮具杯酌，擷園蔬為饌，有古隱士之風。

余讀《後漢書・逸民傳》，如梁鴻[1]、高恢之徒，激亢高蹈，其蹤跡若滅若沒，使人不可得而見。蓋士之瑰意琦行者，既自以其身不能隨時俗俯仰，而耳目所接，卑瑣齷齪，適足以發其牢騷憤懣、無聊不平之感，宜其潛隱伏奧，而不肯與當世之人相見也。今鷗園地不出闤闠，而丘壑自具，山水之勝，一憑眺而得之。以是隱者之居，其亦可以各學徜徉自恣，而無違世遠去之思矣。主人姓吳氏，名覲，於余為再從兄云。

1　梁鴻，東漢初名士，字伯鸞，少時成孤兒，家境貧寒，長大後博學多才，與妻隱居山中，因事到洛陽，見宮室奢侈豪華，作《五噫歌》，對統治者役使百姓表示不滿。高恢，梁鴻之友，與梁隱居山中，終身不仕。

*

常州、宜興等地，除北渠吳氏、濟美堂吳氏構建園林外，另有武進、金壇等吳氏也曾構築別業，如明代吳仲在常州城東構建劍泉別業，吳翁在常州城南構建徐湖別業；清代吳炳照在金壇構建愚池別業，吳咨徙居江陰適園，故以適園自號。考常州地區吳氏，多為延陵季札後裔。另外，順治年間狀元呂宮七世孫呂雋孫居青果巷，其子呂懋彰納吳炳漢為婿，呂懋彰無子，吳炳漢父母吳稚英、莊還便寓居呂宅，呂宅亦有園，曰祇園，故將上述園林附述於後。

劍泉別墅

曉風吹雨洗湖顏

劍泉別業又稱劍泉別墅，或云東園，位於武進縣政成鄉浥塘村[1]。清《光緒武陽志餘・古跡》載：「劍泉別墅在寶豐橋畔，明太僕少卿吳仲築。」

吳仲（1482－1568），字亞甫，號劍泉，常州武進人，出生於政成鄉浥塘村。正德十二年（1517）進士，初授江山知縣，嘉靖六年（1527），升監察御史，巡按直隸，曾疏請重浚惠通河。後歷任湖廣參議、南太僕少卿、處州知府等。吳仲長於經世之學，頗具政績，著有《劍泉奏議》，纂《通惠河志》《江山縣志》等。

清《光緒武陽志餘》所言寶豐橋位於戚墅堰東北隅，跨老三山港（老舜河），直南三里運河口即為萬安橋（又名戚墅堰橋），浥塘村就在寶豐橋畔。

清《光緒武進陽湖合志・橋樑》：「寶豐橋一名垂虹，俗名方坐橋，跨三山港，徐問記略云：戚墅堰相距郡城

1 今武進區遙觀鎮劍湖行政村邑塘村。

二十里許，其水北出江陰，西接運河，東下吳越，而南匯於宋建、陽湖之間⋯⋯嘉靖初，今太僕少卿吳君劍泉，以其族世居河東，為其父主事翁卜兆於河之西。乙未，謝政歸里，歲時瞻掃封塋，輒病渡，某諸鄉之老者，伐石為橫橋。」此記說明劍泉別墅位於寶豐橋西堍。

浥塘今曰邑塘，與芳渚、前楊、二賢、花園等村同屬政成鄉二十四都七圖。新中國成立以後，邑塘村屬劍湖鄉史家塘行政村[2]。因吳仲別墅位於劍湖之東，故又稱東園。

明清時期，宋建湖一直延伸至大運河以北，戚墅堰芳渚以東皆為湖面，浥塘便是其中部分水域，吳仲就出生於湖畔。村因近湖，水豐泉多，鄉人便將劍湖近岸其中一泉稱之劍泉，吳仲以劍泉自號，又築劍泉別業於浥塘，此為一說。

光緒年所纂《圍墩朱氏宗譜》有《劍湖八景》詩，其中有「東園翠靄」：

> 曉風吹雨洗湖顏，春滿枝頭香靄間。
> 垂柳拖煙初抹黛，新篁壓石半含斑。
> 花飛淨水魚爭戲，草煖明沙犢自閒。
> 更上一層高處立，悠然蒼翠見南山。

根據詩意分析，劍泉別墅（東園）春滿枝頭，垂柳拖煙，新篁壓石，魚樂爭戲，牛犢自閒，悠見南山，這是一幅林泉與

2　今改屬遙觀鎮劍湖行政村。

田園融為一體的鄉村園林。只可惜，當年林泉不知何因逐漸荒廢，僅存的數間院屋後來也被拆除。

劍泉別墅形制、規模不詳，林泉池館等未見記載。而據1984年《劍湖鄉志・文物古跡》:「劍泉別墅建於明嘉靖年間，在邑塘村。據記載，劍泉別墅為吳仲（號劍泉）所築，故名。吳仲其人，官封太僕少卿，三品銜。相傳其田地房產頗多，家傭長短工數百人。有『驢駝鑰匙馬駝鎖』之說⋯⋯別墅三開間六進，計房屋二十餘間。青磚花瓦，深院高牆，築工精緻。正門石柱石檻，俗稱石庫門。前進為廳，懸皇上御筆金匾；門前有上馬石，可供賓主往來時登馬之用。如此豪華建築，鄉里實屬罕見。後吳仲遭奸所陷，問罪遭斬，後得昭雪。別墅年久失修，逐步損毀。解放後作生產隊倉庫，現僅存房屋三間。」

鄉志記載並不十分準確，但提供一個重要信息：劍泉別墅在上世紀80年代尚有部分遺存，別墅的具體位置也很清楚。

若干年前，筆者受友人之邀，曾赴芳渚小鎮小聚，便宴就設在浥塘一側。偌大水面，猶如湖泊，當是劍湖水域遺存，或是當年劍泉舊地。為幫助了解當年浥塘劍泉別墅（東園）之環境，現錄明代邑人徐問《寶豐橋記》，提供參考：

戚墅堰距郡城東二十里許，其水北出江陰，西接運河，東下吳越，而南匯於宋建、陽湖之間。其民分居兩涯，耕耘斂獲，輸公赴期，有弗便者。

成化間，尚書王文肅公始捐貲易木為橋，名曰垂虹，歲久敝焉。嘉靖初，今太僕少卿吳君劍泉以其族世居河東，為其父主事翁卜兆於河之西。乙未，謝政歸里，歲時瞻掃封塋，輒病渡，謀諸鄉之老者，伐石為橫橋，計費凡若干，自出貲三之一，以聞於巡撫大中丞北湖侯公。公曰:「王政也，役可後耶？」爰命所司益以公帑羨餘若干，鳩工聚力，董護程校，始於乙未十月，明年丙申三月工訖，鄉之民向嘗厲揭乞濟者，舉欣欣魚魚而來。君又築室於橋西涯，鑿井其旁，以待行者之勞暍。

惟時郡守應公輩咸嘉乃成，舉觴囑曰：君弗靳其有斥而相予，實有利我農人也。請名其橋曰「寶豐」，以示同人，不專於之義云。

徐湖別業

穿池養魚，優遊其間

明正德年間，武進吳氏有一別業與眾不同：園林與墓塋同處一地，耆老同歸鴉共棲一園，吳氏老翁在此蒔花弄草，鑿池養魚，悠遊其間，不亦樂乎。是園位於常州城南徐湖湶，筆者故稱為徐湖別業。

徐湖湶又稱徐湖，為常州城南一處小型湖泊，類似常州城南白蕩湖。

＊ 湖塘橋西一里許為徐湖別業所在地

明張內蘊、周大韶《三吳水考》[1] 云：「徐湖湶西接西蠡河，東南入采菱港。」清《光緒武進陽湖合志·輿地志》載：「徐湖

1 《三吳水考》由張內蘊、周大韶同撰。張內蘊為吳江生員，周大韶稱華亭監生，其始末則均未詳也。萬曆四年，言官論蘇、松、常、鎮諸府水利久湮，宜及時修浚，乞遣御史一員督其事。乃命御史懷安林應訓往。應訓相度擘畫，越六載蕆功，屬內蘊等編輯此書。前有萬曆庚辰徐栻序，稱為《水利圖說》。

滘，郡南分水之第一橫河也，分西蠡河水東流自徐湖橋進口，北匯白蕩之水，南分為長溝河，過湖蕩橋、降子橋，則龍游河之水自北至焉。」查清《道光武進陽湖營建輿地全圖》，徐湖滘具體位置在湖塘橋以西，大通河南岸。《三吳水考》所言「西接西蠡河，東南入采菱港」之水道即為大通河。據此分析，徐湖別業應位於湖塘橋以西的徐湖滘畔。

徐湖滘有徐湖橋，此橋為千年古橋，早在南宋《咸淳毗陵志》就有記載：「徐湖橋在縣南十餘里。」《光緒武進陽湖合志·輿地志三》提供的信息更有價值，曰：「徐湖橋跨徐湖滘，明嘉靖間邑人吳元建，國朝道光十六年重建。」徐湖別業或在徐湖橋南，邑人吳元即是徐湖別業主人。

關於徐湖別業，唐順之《荊川集·吳氏墓記》有這樣記載：「吾鄉吳翁，眾所謂朴忠長者，然翁自少工治產，累數十年，遂以資雄邑中。觀翁所為，大率能取人所棄，與人所取，能知予之為取，能擇人而任時，往往與古人暗合，所謂修其常業儒道不能訾者也。翁始家邑之南隅，既老則治別業於徐湖之上。穿池養魚，優遊其間。又與其傍，度地為葬所，雜植材木蓊然，塋竁羨道、室廬門垣既周以固，朝夕往遊而樂之，以待其終而葬焉。」

唐荊川所云「吾鄉吳翁」，即武進吳嵩、吳岳祖父，此人具體名號不詳。按荊川先生所撰《墓記》分析，吳翁「自少工治產」，不思科舉仕進，潛心家業，樂於林泉，是個邑中隱士。

「吾鄉吳翁」究竟是誰？查清《光緒武進陽湖合志・陵墓》又見這樣記載：明「吳處士元墓在延政鄉小徐湖湌橋，有唐順之墓誌。」《吳氏墓記》吳翁墓記由唐順之撰，而清志亦云吳處士元墓有唐順之撰墓誌銘，吳翁與吳元有何關係？二者是否皆出宜興北渠？

如果是北渠吳元，這裏出現一個疑問：吳元（1565－1625）原名宗玄，字又于，號純所，又號率道人，官至江西布政使，吳中行子，吳亮弟。唐荊川卒於嘉靖四十年（1561），與吳元祖父吳性卒於同年，而吳元卒於天啟五年（1625），按此推算，時間相隔65年，唐荊川不可能為北渠吳元撰墓誌銘，《光緒武進陽湖合志・陵墓》記載可能有誤。又查《北渠吳氏宗譜・翰墨志》：未見唐荊川撰吳元墓誌銘的記錄，僅有吳元《率道人自志年譜序》。根據以上信息分析，唐順之所撰墓誌銘之吳元與吳中行子吳元並非一人。

又據《常州歷史名人大辭典》介紹，吳翁孫吳岳為嘉靖二十三年（1544）進士，初授國子監丞，後任泉州府通判。唐荊川《吳氏墓記》中提到此人，曰：「翁葬後幾年，而其孫嵩與岳求余記其墓，余不能辭也。」可見，荊川先生與吳嵩、吳岳相識，吳翁且比荊川年長，荊川所言「吳翁」即吳嵩、吳岳祖父吳元，就是前面清志記載的徐湖橋修建者。《光緒武進陽湖合志・陵墓》關於吳處士元墓的記載正確無誤，其志已經言明此處吳元為處士，即「隱居不出仕者」，而吳中行子吳元官至江西布政使，可謂真相大白。

吳嵩、吳岳疑是武進薛墅巷吳氏後裔。據《薛墅巷吳氏宗譜》載，該族為避戰亂，吳伯齡於元至正十七年（1357）自宜興苦仗瀆蘇家浜遷至武進遙觀，萬曆四十六年（1618）在鄉建有宗祠。

徐湖別業形制、規模不詳，僅知林泉臨近徐湖，依湖而建，臨水而築。徐湖別業不知毀於何年，清道光、光緒纂《武進陽湖合志·古跡》均不見記載，說明此園在清中已不復存在。久而久之，徐湖漾也隨着滄桑巨變而湮滅。

今徐湖訛為聚湖，武進湖塘新城有聚湖路、聚湖家園等，經考，當年徐湖別業當在聚湖路西段。

愚池

一字源流莫萬譁

古人云：大智若愚，大勇若怯。金壇愚池，並非大智若愚意，其中另有故事。相傳，清同治年間，邑人吳炳照因貧而喪失生活信心，萌發輕生之念。投河自盡時，被路人救起，營救吳炳照的是一對年老夫婦。老人供其粗茶淡飯，助其讀書學習，吳子自此發奮讀書，終於獲得功名。衣錦還鄉、準備報答恩人時，老人已雙雙離世。炳照聞知，悲痛欲絕，於是在丹金溧漕河畔，築墓祭祀。又在當年投水處建一小築，取名愚池別業，以不忘初衷。

根據方志記載，吳炳照是邑中秀才，並非因生活所迫而投河自盡，而是屢試不第才萌生短見，被當地漁翁救起。後來，吳炳照獲得功名，在鄉愚池一處小洲建立庭院。

吳炳照（生卒待考），字朗如，名標，吳江照弟，江蘇金壇（今常州）人，曾任湖北新野知縣。清《光緒金壇縣志・選舉志》卷八：「吳炳照，字朗如，名標。孫河南候補知縣以軍功保舉……吳懷清以子亢愷贈振威將軍花翎副將；吳秉鈞以吳炳照贈資政大夫；吳江照以弟炳照移贈奉政大夫。」

丹金溧漕河南岸原為一片濕地，水面寬廣，南洲與老鴉蕩相通，曲曲彎彎，河流縱橫，濕地在千畝以上，愚池為其中一隅。

愚池別業大約建於清代同治末、光緒初（即1875年前後），形制、規模不詳。根據當年愚池環境位置分析，小洲面積約為3畝，吳園可稱三畝之園。

吳炳照去世後，愚池別業由兒子繼承。光緒十一年（1885），吳炳照兒子自認為季札後裔，郡望延陵，故捨別業為祠堂，在此改建吳季子祠。

民國以後，季子祠遂廢。上世紀80年代，地方政府在段玉裁誕生250周年之際，在季子祠舊址籌建段玉裁紀念館，以此為依託，按傳統風貌，相繼在館之周圍新建華羅庚紀念館、金壇博物館及戴叔倫詩院等，儼然一方林泉，時稱愚池公園。

段玉裁（1735－1815），清代文字訓詁學家、經學家，字若膺，號懋堂，晚年又號硯北居士、長蕩湖居士、僑吳老人，江蘇金壇（今常州金壇）人，龔自珍外祖父。乾隆舉人，歷任貴州玉屏、四川巫山等縣知縣，引疾歸，居蘇州楓橋，閉門讀書。曾師事戴震，愛好經學，擅長探究精微之理，獲得廣博之識。長於文字、音韻、訓詁之學，精於校勘，是徽派傑出樸學大師，著有《說文解字注》《六書音均表》《古文尚書撰異》《毛詩故訓傳定本》《經韻樓集》等。

段玉裁紀念館是一座仿清式古建築，磚木結構，四合院佈局，四面環水，坐落於半島之上。主廳坐北朝南，面寬五楹，歇山頂建築，兩側有廊軒與門廳相接，入館僅有一徑相通。段玉裁為訓詁大師，專著頗豐，可謂江南大家，天下智聖。其館築於愚池小洲，真是大智若愚，大師若徒，寓意深刻，妙哉！妙哉！

1985 年 10 月 25 日為段玉裁誕生 250 周年紀念日，紀念館正式對外開放。門樓之上，懸掛「段玉裁紀念館」匾額，由著名書法家舒同書寫；穿過庭院，便見紀念大廳，門廳又掛書法大家沙孟海書寫的「朴學宗師」之金字大匾。步進正廳，前後抱柱掛有楹聯，一曰「九經陶鑄資群彥；一字源流奠萬譁」，由全國政協副主席趙朴初書寫：另一聯曰：「說字解經功超許鄭，審音辨韻名震乾嘉」，由訓古學會顧問、北大教授周祖謨書寫。大廳中央安放段玉裁半身塑像，兩側是廂房、長廊及其廂房，陳列段玉裁著作、生平和年表。紀念館後門有一座單孔石橋，橫跨小溪，過橋則可通往博物館、華羅庚紀念館。

* 位於愚池的段玉裁紀念館

戴叔倫[1]詩院位於段玉裁紀念館西北角，與華羅庚紀念館毗鄰，是一組由三廳、二院、一區組成的古典庭院第一進為門廳，戴公名詩佳句點綴其間；第二進曰明經堂即正廳，戴叔倫雕塑置於中堂，配有草聖懷素致戴公的手跡及歐陽修撰《戴叔倫傳》全文；第三進曰望戴軒，陳展戴叔倫精選詩作。最後為戴叔倫墓區，曰樓賢園，由至享堂、詩伯祠、戴叔倫墓等組成，莊嚴肅穆，讓人肅然起敬。戴叔倫為唐代著名田園詩人，此一環境，映襯詩伯寄情於田園的意境。

2018 年前後，段玉裁紀念館又經整修，周邊增修池亭曲橋，涵養芙蓉蓮荷，突顯人文內涵，金沙之風，蔚然於林泉之間。

1 戴叔倫（約 732 － 789），字幼公（一作次公），唐代詩人，潤州金壇（今屬常州市金壇區）人。年輕時師事蕭穎士。曾任新城、東陽令、撫州刺史、容管經略使等。晚年上表自請為道士。其詩多表現隱逸生活和閒適情調。

適園

穿池養魚，優遊其間

晚清，常州有文士自號適園，此人為篆刻大家吳咨。吳咨與徐璿甫、吳雋、徐三庚、趙之謙、吳熙載、王爾度齊名，且列篆刻六家之首。吳咨長期生活在江陰適園，故號適園。

適園並非龍城林泉，更非吳咨私園，而是江陰陳式金建於澄江鎮南街 33 號的私家園林，俗稱陳家花園。花園佔地 6 畝許，清咸豐初，陳式金巧於園林構思，以善山水之長，構建林泉，謂「無意為園而適成之」，故名。

吳咨（1813－1858），字聖俞，又字哂予，號適園，常州陽湖（今常州武進）人，晚清篆刻家，書畫家，出生在大寧鄉[1]，為邑中著名學者李兆洛門生。年十四，立氍毹上作篆書，勁老有法，少時名滿鄉里。繪畫得惲壽平神韻，花卉、魚蟲無不精妙，取法惲壽平而運以己意。刻印尤精，篆刻師宗鄧石如，章法能融會秦漢、宋元。又通六

1　今天寧區鄭陸鎮焦溪一帶。

書之學，博覽金石文字、秦漢碑版，精篆、隸、鐵筆。官山東監大使，到省旋卒，年四十六。有《續三十五舉》《適園印印》《適園印存》等傳世。

鄧散木先生[2]評述吳咨篆刻：「功力至深」；沙孟海先生評述吳咨：「學問深博，法度精嚴，沉着穩練，自有面目。」《墨林今話》稱其通六書之學，精篆、隸，善畫花卉、魚鳥，生動無不精妙，刻印尤精。

陳式金（1817－1867），字以和，號寄舫，齋號適園、觀尚齋、響秋軒、可竹居、古梅館等。幼年熟讀「四書五經」，成年後無意功名利祿，痴迷於書畫、篆刻藝術，成為邑中聞名畫家。山水介於吳歷、王翬之間，人物接近華巖，花卉意追惲南田。

咸豐二年壬子（1852），陳式金購得鄰居一方空地，憑藉藝術靈感，獨具匠心，親自設計，精心佈局，歷時 8 年，建成林泉。按其言：「本無意為園，逢此良機，得以成，此園乃取名適園。適者，恰好之意也。」

陳式金在園疊山鑿池，建亭榭、造回廊、栽花卉、植修竹，儼然一座城市山林。適園雖在江陰，卻與常州文士關係密切。適園建成後，眾多文人墨客，紛紛慕名拜訪適園主人，觀賞園內名畫刻石，並索畫留念。陳式金以園聚友，以畫會友，

2 鄧散木（1898 － 1963），字鈍鐵、散木，別號糞翁、蘆中人等，生於上海，中國現代書法家、篆刻家，中國書法研究社社員。在藝壇上與齊白石並稱，有「北齊南鄧」之譽。

畫室常常高朋滿座。常州李兆洛及其弟子蔣彤、薛子衡、承培元、宋景昌、紹尚、六承如、六嚴、徐思錯、夏煒如、繆尚誥、繆仲誥、包世臣、吳咨、鄧傳密等結為好友，與吳咨最為親密友善。由於吳咨家境貧寒，又無子女，故常年寄居適園，吳咨自稱為園主之僕。

陳式金與吳咨是為同鄉，江陰舊稱暨陽，原為晉陵一鄉，與武進皆稱延陵，後又同屬常州。吳咨治印故以「延陵季子鄉人」自居，為陳式金治朱文印也稱「古暨陽陳式金」，古暨陽即屬延陵。

陳式金年長吳咨四歲，二人關係密切，又是書畫、篆刻知音，吳咨故在適園寄居，與陳朝夕相處，墨耕硯田。吳咨在此為陳式金刻印頗多，陳式金把吳咨為自己所刻 161 方印，輯成《適園印印》。吳咨另一本印譜 230 方即《適園印存》，則由同鄉王國鈞輯，譜首錄汪昉《吳聖俞傳》一篇，汪昉謂其「性偏急，不能容人，每相規誡，聖俞服膺余言，不以為過也。」吳咨《適園印印》自序則言：「僕於篆刻若有夙好。心摹手追，頗與古會，曩日所為，數逾千百，恥於自炫，故不以存。吾友暨陽陳君以和，於拙刻有痴嗜。戊申迄今，凡三閱歲，屬摹若干印，匯成一冊，持以見示，且索牟言。揚子曰：雕蟲小技，壯夫不為。區區一藝，又何足道。顧繆篆列乎六書，摹印次於八體，斯壽既邈，吾、趙是程，方博弈之賢已，合論書之徇知，辱承謬賞，曷敢飾讓譬諸鴻泥，目曰印印，就正匠石，鑒者教之。」字裏行間，透露出一股謙和之氣。

吳咨著有《續三十五舉》《適園印存》2 卷、《適園印印》4 卷，皆存世。由於酷愛適園，吳咨以適園自號，以適園名集，可見適園在吳咨心目中的地位，也可證明二人關係非同一般。

話題回到適園，根據陳式金齋號分析，咸豐初年，適園已有鏡湖、寄舫、觀尚齋、水流雲在之軒、可竹居、古梅館、超然台、響秋軒、得爽亭、得蝶饒雲山館、秋入橘波室等，山壑池潭，亭台樓閣，已成氣象。

咸豐十年（1860），清軍與太平軍在江陰城展激戰，適園部分受損。陳式金子陳曦唐（字燮卿）為光緒丙戌進士，曾任工部主事，亦善山水花卉翎毛。倦歸故里後，用十年時間，移樹浚池，修廊繕屋，重振家園，形成臨軒觀魚、一潭印月、岸柳夾桃、鏡亭倒影、梅林春色、空靈幽巖、丹桂飄香、蕉蔭翠覆等八景。林泉雖小，卻是尺幅成畫，陳曦唐集句為聯：「處陰休影，處靜息跡；為鳥植林，為魚鑿潭。」

適園以鏡湖為中心，湖北雙峰疊翠，其上舊有超然台，湖南有水流雲在之軒，東連過香廊、曲橋，至秋聲舫。舫前為響秋軒，舫後為易畫軒，當年凡求畫者須以詩相交換，故留此名。過斜廊達得爽亭，中嵌巨鏡，湖光山色，盡收其中。沿回廊向北有敞廳，名得蝶饒雲山館，西隅斗室名秋入橘波室，旁有適安齋，收藏歷代書畫珍品，匯刻於石 45 方。壁間存晉王羲之《換鵝碑》、元倪瓚山水畫，以及明梁同書、董其昌等手跡石刻。東隅廊外，依牆傍水，以奇石壘就假山隧道，回環深邃。晚清學者金武祥言：「陳氏適園，局勢不寬，而假山池台、亭軒廊榭略具。金木之美，亭軒之幽，雲影山花，近在窗几。春晨月夕，足以娛情，誠足為澄江園林之勝。」

適園歷經 150 年風雨，至今保存較完好，2007 年又加修繕，重顯光彩。省內外專家這樣評說：「適園是一件不可多得的園林瑰寶，對研究中國近代史和園林史等具有很高的價值。」適園今已列為全國百座著名私家園林之一，並載入《中國近代園林史》，2015 年公佈為第 7 批全國文物保護單位。

呂氏園

故園今日庇千人

滬上百歲老人吳祖剛生前曾賦詩六首，讚美年少時曾經居住的呂氏故園，其中云：

百年歲月喜重溫，呂氏園林牽夢魂。
聞道舊居新面貌，白頭遙獻一枝春。
故居重建煥然新，國策昭彰居為民。
呂氏先靈應感幸，故園今日庇千人。

吳祖剛所云呂氏故園，即位於青果巷東段[1]的呂懋彰舊居，又稱呂氏庭院，或謂祇園。

呂懋彰（生卒待考），號祇園，呂宮八世孫，曾候補鄂省知縣。父親呂雋孫，進士出身，任陝西潼商道台。呂雋孫生三子：懋庶、懋彰、懋繼。呂懋彰為何自號祇園？恐與信佛有關。祇有恭敬之意，而祇園則是佛陀之精舍。

1　今青果巷 2 號。

呂懋彰無子，有女適吳炳漢（吳景洲兄）。《毗陵呂氏宗譜》載：「吳炳漢，原名葮，字稼農，監生，娶呂氏女；吳景瀛，行二，原名杏，字景洲，光緒辛卯監生。」

吳炳漢（1888－1958），復旦大學國文系畢業，民國時曾任審計院協審，外交部祕書，新中國成立後擔任上海文史館館員。吳炳漢生吳祖剛等，吳景洲生吳祖光、吳祖康、吳祖強、吳祖昌等，呂氏庭院實際上是吳祖剛的外祖父家。由於吳殿英[1]、吳稚英父子長期在外，常州未置房產，吳炳漢、吳景瀛便將父親吳稚英，母親莊還安置在呂宅。

吳祖剛（1908－2013），字且岡，吳炳漢之子，著名詩詞家，籍貫常州武進，畢業於北京大學法律系，早年從事法國文學翻譯工作。新中國成立後，懷着對教育的熱愛，任教於上海北虹中學。1970 年退休，以詩養生度年。著《且岡詩草》《且岡詩詞》《老懷四疊》等，享年 106 歲。

長期以來，常州介紹呂氏園（呂宅）時，皆云這裏是呂景端住宅，吳瀛曾經賃租此地。南京大學出版社《常州青果古巷》：「正素巷呂宅為清末民初呂景端住宅，呂景端（1859－1930），字幼舲，號蟄庵，又號藥禪，常州人。出身名門，清光緒八年舉人，官至內閣中書……」實際上，呂氏園與呂景端無關，這裏是呂懋彰宅第，即吳瀛哥哥吳炳漢的岳父家。

1　吳殿英（1842 － 1907），字申，名佑孫，號殿英，江蘇常州人。歷任浙江臨海縣丞、平湖縣知縣、錢塘縣知縣。1896 年由趙鳳昌推薦給湖廣總督張之洞為幕僚，參與創辦湖北武備學堂，培養新軍中高級軍官。吳稚英亦入張之洞幕府。

呂景端為呂星垣五世孫，祖父呂士珍，父親呂鏡瀓，祖孫數代皆居雲溪，《毗陵呂氏宗譜》世系：「星垣次子兆熊 —— 士珍 —— 鏡瀓 —— 景端。」另見呂景端從孫呂學端自刻一章，曰「家在白雲溪古渡頭」，也能說明問題。吳稚英與莊還夫婦及子女吳炳漢、吳景洲、吳曼公等寄居呂宅，後來吳炳漢娶呂懋彰女呂琴南為妻。

1913 年，吳炳漢父親吳稚英卒於呂宅。這裏順便介紹一下吳炳漢、吳景洲與吳冠中的關係：吳冠中父親吳炳澤，吳炳澤育有三子：冠中、冠華、冠英，吳炳澤雖世居宜興北渠，卻與吳炳漢、吳景洲為同輩。而吳冠中與吳祖光、吳祖強、吳祖剛同輩。

呂氏園前臨青果巷，後靠古村巷，東靠湯氏宅，西鄰松健堂。呂氏園宅園一體，前宅後園，園中有宅，宜居宜憩。遺憾的是早年多有損毀，池館山石不見記載。吳祖剛有詩云：

高第崇階白粉牆，前廡兵燹已全荒。
頹垣蔓草殘磚地，正是兒曹遊戲場。

由此看出，數十年前，呂氏園仍是高第崇階，庭院深深，只是經過太平天國兵燹，前廡全荒，後園蔓草，房屋頹垣，一片荒涼。

吳祖剛老人生前回憶道：呂宅最後一進為五間，「中間一間是餐廳和客廳，有門直通後花園。東頭兩間是我母親和三個妹妹居室，西頭兩間分別是三嬸（瀛洲夫人）和小妹以及五叔曼公和夫人居室，那個廳室則是我祖母莊還（茗史夫人）的念佛和起居之所。」可見，呂懋彰宅第確實與吳稚英、吳景洲有關。

吳瀛（1891－1959），字景洲，江蘇常州人，出身於世代書香門第，畢業於張之洞創辦的湖北方言學堂英文專業。父親吳稚英供職於張之洞幕府。吳景洲不僅有精湛的國學基礎，且有深厚的西畫及傳統畫功底，可謂學貫中西。曾任京都市政都辦公署坐辦，27 歲時參與創建故宮博物院，任常務委員、古物審查專門委員，並擔任《故宮書畫集》《故宮周刊》首任主編。兒子吳祖光、吳祖強分別成為國內著名的劇作家、音樂家。

新中國成立初期，呂氏園與一牆之隔的湯氏宅第闢為常州染紗廠，舊居僅剩最後兩進及一座回字樓。根據修繕方案：保留青果巷 2 號（原常州紗廠）部分廠房車間，作為歷史街區的活動場所，恢復呂宅部分院落，拆除組團內的違章搭建及不符合街區歷史文化風貌的部分建築，形成青果巷東入口的休憩活動小廣場。

如今呂氏園，不再庭院深深，「呂氏園林牽夢魂」只能永遠留在舊時記憶中。

附錄一 北渠吳氏進士名錄

吳　性（1499－1563）	明嘉靖十三年（1534）進士
吳可行（1527－1603）	明嘉靖三十二年（1553）進士
吳中行（1540－1594）	明隆慶五年（1571）進士
吳　亮（1540－1620）	明萬曆三十八年（1610）進士
吳　奕（1564－1624）	明萬曆三十八年（1610）進士
吳　元（1565－1630）	明萬曆二十六年（1598）進士
吳宗達（1576－1636）	明萬曆三十二年（1604）進士
吳柔思（1593－1628）	明天啟二年（1622）進士
吳方思（1600－1661）	明崇禎十三年（1640）進士
吳簡思（1603－1648）	明崇禎四年（1631）進士
吳剛思（1605－1678）	明崇禎十六年（1643）進士
吳位思（1638－1693）	清康熙三年（1664）武進士
吳　彪（1650－1734）	清康熙十八年（1679）武進士
吳守寀（1612－1686）	清順治四年（1647）進士
吳本立（1643－1701）	清康熙九年（1670）進士
吳龍見（1694－1774）	清乾隆元年（1736）進士
吳震生（1637－1712）	清康熙五十一年（1688）進士
吳　霖（1701－1793）	清乾隆五十五年（1790）進士
吳　楫（1718－1766）	清乾隆十年（1745）進士
吳雲步（1707－1784）	清乾隆十三年（1748）進士
吳　堂（1755－1810）	清嘉慶元年（1796）進士
吳儀澄（1789－1846）	清道光六年（1826）進士
吳承烈（1777－？）	清嘉慶二十二年（1818）進士
吳保臨（1811－1846）	清道光十三年（1833）進士
吳自徵（1806－1876）	清道光二十四年（1844）進士

吳　儼（字克溫，號寧庵）	明成化二十三年（1487）進士
吳　仕（字克學，號頤山）	明正德二十三年（1487）進士
吳夢熊（字應望，號繩庵）	明萬曆五年（1577）進士
吳達可（字叔行，號安約）	明萬曆五年（1577）進士
吳正志（字子矩，號澈如）	明萬曆十七年（1589）進士
吳道行（字君濟，號瀛嶼）	明萬曆二十二年（1594）進士
吳友賢（字以德，號衷璞）	明萬曆三十二年（1604）進士
朱本吳（字號失考）	明萬曆四十四年（1616）進士
吳　炳（字可先，號石渠）	明萬曆四十七年（1619）進士
吳鳴虞（字宜之，號兩翰）	明天啟二年（1622）進士
吳士成（字元滋，號五山）	明天啟五年（1625）進士
吳允初（字未孩，號生月）	明崇禎元年（1628）進士
吳國華（字以文，號葵庵）	明崇禎元年（1628）進士
吳洪昌（字寓京，號亦如）	明崇禎七年（1634）進士
吳貞啟（字元行，號筠若）	明崇禎七年（1634）進士
吳春枝（字元萼，號梅谷）	明崇禎十年（1637）進士
吳正心（字誠先，號鷲山）	明崇禎十三年（1640）進士
吳貞毓（字元聲，號念劉）	明崇禎十六年（1643）進士
吳　驥（字叔度，號晴瀾）	明崇禎十六年（1643）進士
吳龍章（字雲表，號耐庵）	清順治四年（1647）進士
吳慶期（字令奕，號麓迂）	清順治六年（1649）進士
吳貞度（字謹候，號靜安）	清順治十二年（1655）進士
吳京琦（字號不詳，朱本吳孫）	清順治十五年（1658）進士
吳景運（字休明，號沖庵）	清順治十六年（1659）進士
吳元臣（字鄰俞，號恪齋）	清康熙二十一年（1682）進士

吳　玥（字公瑜，號介庵）　清康熙二十一年（1682）進士

吳端升（字申錫，號容川）　清康熙六十年（1721）進士

吳　超（字是堂，號義川）　清雍正十一年（1733）進士

吳廷選（字夏韶，號石亭）　清乾隆四十九年（1784）進士

（以上資料參見民國《宜荊吳氏宗譜》）

北渠吳氏名園錄

名稱	地點	相關人物	建成年代
城隅草堂	北水關	段氏、吳性	明
天真園	新園弄	吳性、鄭鄤	明
嘉樹園	西園村	吳中行、吳奕	明
小園	北太平橋	吳同行、吳亮	明
天得園	南園	吳尚行	明
白鶴園	鶴園弄	吳亮	明
止園	北門外	吳亮、吳柔思	明
東第園	獅子巷	吳元	明
蒹葭莊（前）	宜興閘口	吳中行	明
蒹葭莊（後）	茶山白蕩	吳兗	明
綠園	白雲渡	吳宗達	明
來鶴莊	北門外青墩	吳玉衡、吳玉銘	明
拙園	北水關	吳襄	明
青山莊	北門外鳳翥橋	吳襄	明
鶓園	宜興北渠	吳覲	清

附錄四

濟美堂吳氏名園錄

名　稱	地　點	相關人物	年　代
滄浜園	東溪滄浜	吳經	明
樵隱別業	宜興南山	吳綸	明
漁樂別業	宜興西溪	吳綸	明
石亭山房	宜興城南	吳仕	明
蠡莊	丁蜀東蠡河	吳仕	明
五橋莊	宜興城南	吳仕／吳炳	明
予莊	宜興城南	吳儼	明
洴洌別業	徐舍洴洌	吳儼	明
滄溪別墅	銅棺山	吳儔	明
雲起樓	宜城廟西巷	吳仕／吳正志	明
蘭墅	城南南嶽山	吳洪裕	明

常州其他園林錄

名　稱	地　點	相關人物	年　代
徐湖別墅	湖塘徐湖	吳元	明
劍泉別墅	戚墅堰浥塘	吳仲	明
愚池	金壇愚池	吳炳照	清
適園	江陰城區	吳咨（寓居）	清
呂氏園	常州青果巷	吳炳漢（寓居）	清

盖自漢魏以降，宗法廢，而譜牒興矣。夫譜也者，奠世系，辨族類，敍戚疏。昔者聖王所以收渙散，勸親睦，明教原，維持天下之遺意也。有志於復古者，能置而不講乎。唐室既衰，譜學漸廢，人殆不知所本，而三世以上已多懵焉無聞。噫！欲求惇睦、禮讓之俗，胡可得也。宋有歐蘇倡為圖説與例，而譜之義復明自叙其先，出於高陽，夏禹其法善矣。

迨明興，卿大夫家乃重譜，士庶往往有效而為之者。然徒見先烈之稱述，不知其各有因也。而一無所據者亦必曲引名賢，窮追古始，牽合傅會，冠諸卷端以自誇詡，愚竊惑之。夫開闢以來，四海億兆之眾，凡受氏者孰無所因，而遠泝厥初。或出於帝王之苗裔固矣，然紀歷遐邈，典籍不存，而欲縣斷臆度，於數千載之下豈能一一皆合哉？苟有一之不合，則未必真為吾祖，而吾之心且自誣矣。況古所稱碩大之宗，謂學行閥閱，克濟厥美，而令聞長世焉耳。久則縱不能無隆替之異，而其德善為之本者固常在也。彼諱寒畯而慕華顯，假託冒昧以求勝，而號為故家者可鄙孰甚焉。天之生人貴賤何嘗有恒，而族之微著豈真一定而不可移易哉？顧自脩何如耳，是故君子之於譜也，疑者闕之，不可詳者略之，信者博之以著實其庶幾乎。

嘗聞諸吳開先，以國為氏，由周而來，子孫散處四方者云皆出於泰伯，而譜不敢追列。得姓以來，顯於歷代者眾矣，而槩無所於附。今玆斷自所知，惟二世祖以下，則據舊譜酌而書焉。盖二世祖旺一公，始徙居陽羨之北渠里。而其後陟也，亦莫究所自矣。

舊譜草創於教諭公顧齋，後伯父而能守之，以詒余者後兄信夫也。先戶部府君秋厓公間於燕居時，亦面命及之，而長兄明甫則惓惓於聯族亢宗，糾集義舉，寔其疇之志。云爾不肖，獲承祖考，余休備員省署，竊幸稍有知識，而平日所聞於父兄者，又多質直持正之言，余故得而述焉。遂成斯譜，增定為十卷。藏諸家塾，以示子孫。其詳具列如左。

嘉靖壬子歲夏五月晦日七世孫性謹譔

咸豐壬子歲冬十月十七世孫咨謹重書

再現一座十七世紀的中國園林

高居翰｜黃曉｜劉珊珊

第一節　張宏《止園圖》冊

1996 年 5 月 16 日至 7 月 21 日，美國洛杉磯藝術博物館舉辦了一次長達兩個多月的展覽：張宏《止園圖》冊展 —— 再現一座十七世紀的中國園林。

《止園圖》冊是一套共計 20 開的冊頁，詳細描繪了畫家當時親眼所見的一座園林。這套冊頁已經分散多年，分屬幾個不同的機構和個人，這次展覽，是它們第一次以全貌的方式與大眾見面，使人們不但可以完整地欣賞這套傑作，也為研究其中所傳遞的信息和所蘊含的意義提供了便利。以圖像的形式表現一座園林，在中國有着悠久的傳統，到明代風氣尤盛，而《止園圖》冊則堪稱此類繪畫中的巔峰之作。

《止園圖》冊繪於天啟七年（1627 年），此後便鮮見記載；直到近代，才重新現世。第一次出現是在 20 世紀 50 年代，冊頁的收藏者保留下自己最喜歡的八幅，將其餘十二幅賣給馬薩諸塞州劍橋的收藏家 —— 理查德・霍巴特（Richard Hobart）先生。這也是冊頁第一次被拆散。原始收藏者手中的八幅，在 1954 年的一次中國山水畫展上展出過，繼而被瑞士的凡諾蒂博士（Franco Vannotti）買走；霍巴特的十二幅則在他死後傳給了女兒梅布爾・布蘭登小姐（Mabel Brandon）。後來，那位原始收藏者又從布蘭登小姐手中購回十二幅中的八幅，布蘭登小姐也留下了她最喜歡的四幅。景元齋收藏的六幅便是此後我從該收藏者手中購得的，其餘兩幅則歸洛杉磯藝術博物館（LosAngeles County Museum of Art）所有。凡諾蒂手中的八幅，在 20 世紀 80 年代被柏林東方美術館（Museum fur Ostasiatische Kunstin Berlin）收藏。最近，藉由組織這次展覽的機會，洛杉磯藝術博物館又購到了布蘭登小姐手中的四幅。所以到目前為止，這套冊頁分屬於三處機構 —— 柏林東方美術館八幅，洛杉磯藝術博物館六幅，景元齋六幅。

至於我個人與這套冊頁的淵源，還可以追溯到更早。很久以前，我還是一個年輕學生的時候就見過它們。那是在某個博物館的庫房裏，這套冊頁還未被拆散，該博物館正考慮將其轉手出去。那個時期的我正在致力於理解和吸收中國傳統文化精英的理論和觀點，並依此解釋當時西方人尚知之甚少的文人及文人畫。按照那套評畫標準，張宏這套冊頁既缺乏「巧妙」的構圖，也不具備「精妙」的筆法，因此並沒有引起我的特別注意。

很多年後，我逐漸意識到，宋元時期的禪宗繪畫以及其他時代的許多繪畫都曾有過類似的遭遇：它們被精英階層的鑒賞家和收藏家按正統標準定義為平庸之作，認為這些繪畫並不值得一個高雅文士的欣賞和珍藏。同時我也意識到，很多時候，一位優秀的藝術家可能會有意識地運用與正統標準差異很大的所謂「粗惡」的風格和構圖，以達到某些特定的目的和效果，這些效果是採用傳統手法所無法獲得的。選擇這樣做的時候，他們無疑是在冒險：既要在繪畫方面進行實驗探索，又要忍受別人不無輕蔑的批評。清初的偉大畫家龔賢便有此遭遇，他的繪畫借用了非傳統的點畫技法，具有一種明暗交替的神祕層次感。從那時起直到近代，「風格怪誕」的標籤便一直貼在他身上。

就張宏（1577－1652後）的情況而言，他努力追求一種近乎視覺實證主義的實景再現，為此不得不採用許多中國傳統之外的構圖和技法。1639年春，張宏曾赴浙江東部即古越地一帶遊歷，實地的體驗使他感覺所見之景與先前從文字得來的印象很不一樣，歸途作了《越中十景》冊。末頁題識中寫道：「以渡輿所聞，或半參差，歸出紈素，以寫如所見也。殆任耳不如任目與。」對一位晚明畫家而言，企圖運用視覺寫實的方法再現自然景致，是一種很不尋常的現象。雖然從沈周的時代起，蘇州繪畫大家便致力於描繪城內城外的名勝古跡，但就其特色而言，這些畫作多半只是在定型化的山水格式中，附加一些可以讓觀者驗證實景的標誌物罷了，景致間的距離往往被壓縮或拉伸以順應繪畫風格的要求。張宏則反其道而行，他忠實於視覺所見，通過調整描繪方式，使繪畫順應該地特殊的景致。他的許多作品都可視為畫家第一手的觀察心得，是視覺報告，而非傳統的山水意象。畫中對於細節的刻劃巨細靡遺，即使有時描繪一些我們並不熟悉的景致，仍能予人一種超越時空的可信感。通過將觀察自然的心得融入作畫過程中，張宏創造出一套表現自然形象的新法則，這些都是我們解讀《止園圖》冊時應特別注意的。

在中國有關畫家和畫作的文獻中，張宏並沒有得到太多的關注，因此我們對他所知甚少。最近在他家鄉的方志中發現一則記載，可以多少填補一些空白。從中可知，張宏居住在蘇州西南十三里的橫溪鎮，少年時代讀過書，也曾有求取功名的打算，但仕途並不順利，後來迫於生存壓力轉向了繪畫。他的作品有古意而不拘泥於古，獲得了很高的名聲。他的家庭異常貧困，而張宏又事親至孝，在父母卒後，則不遺餘力地照顧弟弟和妹妹。一家老小以及貧苦的親戚都仰仗他的一支畫筆討生活。他和他照料的人經常處於貧困狀態，因此他最好的作品都賣給了商賈之家。但只要稍有寬裕，他就很珍惜自己的作品，不肯隨便賣人。這則記載有某些俗話套語的味道，不過其中無疑含有一些真實的信息。

《止園圖》冊是受人委託而作，在最後一幅冊頁中張宏寫道:「天啟丁卯夏月為徽山詞宗寫。」這位「徽山詞宗」出身望族，屬於士紳階層。

1627 年張宏 51 歲，早已是成名畫家，也許是他注重寫實的畫風吸引了此人，從而得到這項委託。關於此一望族與止園的關係，我們下節再作考證，這裏先重點關注圖冊本身。不管怎麼說，張宏所接受的是一項以前從未有人做過的任務，至少就目前存世的作品看是如此：他繪製了一系列圖畫，合在一起，它們對其所描繪的園林進行了令人驚訝的、全面完整並極富說服力的精確再現 [1]。

明代中後期造園風氣極盛，為園林繪製園圖是當時畫家經常遇到的委託之一，本書討論的大部分作品都屬於這種情形。本質上說，中國傳統中表現園林的繪畫有三種範式可供選擇，與之相應的是三種典型的繪畫形式。第一種是單幅畫作，表現園林全景，通常採用立軸的形式，由於畫家從一個較高的有利視點來表現，園林像地圖般被呈現出來。第二種是手卷或橫軸，人們在看圖時會從右向左展開，手卷提供了一種連續的線性圖像以模仿遊園的體驗 ——

1 出於行文需要，這裏暫不討論繪畫如何能夠「如繪畫般精確」這樣的理論問題，在後文中這一用語的含義會逐漸明瞭。

在卷軸的開始會看到園門，穿過園門在園中漫步可以欣賞其中重要的景致，最後從位於卷軸末端的另一處園門離開。這種繪畫形式有各種不同的表現方式，我們後面可以在兩位張宏同時代人 —— 孫克弘和吳彬的作品看到。第三種是冊頁，它提供的體驗方式是看到景致依次相繼地出現，連續的冊頁通常用來表現一系列經過精心設計的景致 —— 如亭榭、池塘、假山等，在冊頁的一角通常還會題寫富有詩意的景名。前兩種繪畫形式都致力於對園林的整體進行再現，第三種則更重視刻劃園中局部，通常是一圖一景。景致是園林的核心，中國古人不但熱衷於將自然山水概括為八景、十景，也喜歡將人工園林總結為十二景、二十景。冊頁的形式與這種「集稱文化」景觀具有某種同構關係，因此特別受到畫家的鍾愛。早期的實例，如沈周《東莊二十四景圖》冊、文徵明《拙政園三十一景圖》冊，都是非常優秀的繪畫作品。但由於冊頁在空間上的分離以及傳統手法在表現上的局限，這些作品在全面傳遞園林信息、提供可信的視覺描繪方面卻有明顯不足。

《止園圖》冊是一個重要宣言，張宏在繪製《止園圖》冊時沒有遵循傳統的規則，他甚至連冊頁的常規做法也未予理會。為了理解張宏極具突破性的成就，我們不妨自問：如果換作自己，為了盡可能多地傳遞信息，會怎樣去記錄一座園林？或者打個直白的比方，假如你是一位園林專家，在阿拉丁神燈的幫助下，獲允帶上相機回到某座偉大的古代園林中去，隨意拍攝一些彩色照片，你會如何去做？你可以選擇任何視角，哪怕是今天需要藉助直升機才能到達的高度。但有一個限制，狡猾的阿拉丁神在相機裏只放了二十幅膠片。

第一張膠片，你很可能會拍攝一幅園林的全景。然後，你可能會在園中漫遊，按遊線拍攝一系列照片，並注意保證它們包含的區域都能在全景圖中標示出來，以期當它們合在一起時，可以從細節上再現整座園林。你會盡量選擇那些最具表現力的角度，每幅片子還會包含一些其他片子也包含的元素，如建築、樹叢或山石等，這樣有助於將它們組合起來。出於相同的目的，你也會留意讓每幅單獨的片子所包含的區域能夠在全景圖中被定位出來。如果膠片富餘，你可能還會對一些重要景致從不同角度多拍幾張。

事實上，這正是張宏在《止園圖》冊中所做的。與傳統畫家先將自然景致簡化約分，再刻意安排進某些優美的構圖中去不同，張宏則是藉助觀察和想像，彷彿帶着一個矩形景框在園林上空移動，不斷框選不同的局部並將之描繪下來。這套冊頁並未採用每圖描繪一景的方式，因為各幅畫面並未聚焦在專門的景致上，所以也沒有像常規冊頁那樣在圖中標出景致名稱。除了構圖寫景方面的突破，張宏也放棄了傳統的筆法 —— 那些根深蒂固的皴法系統和千篇一律的樹葉畫法，而是將線條與有似於點彩派畫家的水墨、色彩結合起來，形象地描繪出各種易為人感知的形象：瀲灩的池水、崢嶸的湖石以及枝繁花茂的樹木，這些使他筆下的風景具有了一種超乎尋常的真實感。這裏我們不應忘記，張宏對傳統風格的把握是相當純熟的，他的仿宋、仿元之作幾可亂真；因此他的棄傳統不用，應視為一種探索和創新。「非不能也，是不為也」，對傳統的突破是為了探索繪畫表現的新境界。

在舊金山舉辦的一次中國園林研討會上，我闡發了對於這套冊頁的一些想法。有天早晨，當時參會的一位研究中國園林的學生給我打來電話，說：「吉姆，我仔細考慮過，現在基本可以確定，張宏並未真正理解中國園林。」後來他在我主持的一次中國園林研討會上作了詳細說明。他認為，張宏沒有遵循傳統的表現方式，將畫面聚焦在特定景致上，這證明他對此方式並不理解，似乎他根本不曾意識到，中國園林的本質便是通過一系列景點組織起來的。這一說法頗有道理，但我仍傾向於為張宏辯護。我認為他一直很清楚自己的做法，他的脫離傳統是刻意所為，而非出於無知，因為必須如此他才能將自己客觀表現實景的手法引入到繪畫中。最近，隨着有關止園的大量詩文資料的發現，我們可以更清楚地了解張宏這樣做的原因：他所描繪的並非一處處固定靜止的景點，而是一次動態的遊覽過程，這一點是張宏和委託人的共識。

需要強調的是，《止園圖》冊並非僅僅是框選景致並將它們如實畫下，同所有畫家一樣，張宏也要經過剪裁和取捨。張宏與傳統畫家都是從自然中擷取素材，在這一點上他們並無不同，他們的分歧在於：後者讓自然景致屈服於行之有年的構圖與風格，張宏則在逐步修正那些既有的成規，直到它們貼近視覺景象為止。由於他用心徹底，效果卓著，最後使得其原先所依賴的技法來源幾乎變得無關緊要。觀者的視界與精神完全被畫中內容吸引，渾然不覺技法與傳統的存在。跟董其昌的「無一筆無出處」相比，張宏選擇了一條相反的道路，由此出發，開拓出中國繪畫新的可能性。

我們固然可以爭辯，中國晚期繪畫早已放棄了對形似的追求；但摹寫物象永遠是繪畫最基本的特徵，若不能以形寫神，得神忘形就只是空談。張宏在各種作品的題識中不止一次提到，「愧衰齡技盡，無能彷彿先生高致於尺幅間」（《句曲松風》，1650 年），「漫圖蘇台十二景以消暑，愧不能似」(《蘇台十二景》，1638年)。明代後期，當所有畫家都在競相標榜寫意時，卻有一位畫家，只是純樸地希望，能夠畫得像些，再像些。但在這個時代，董其昌至高無上地主宰着一切，張宏的背離，雖然成就極高，卻從者寥寥。他的孤獨與執着，令人肅然起敬。

張宏在自己的實景作品中增加了對景物細節的描寫，從高處俯視遠景時也較能首尾一致地把握高點透視原則，畫面具有一種全新的空間遼闊感和空曠感，並有許多明暗和光影的暗示，這些特點都表明他可能曾受到某些歐洲繪畫的啟示。我在《氣勢撼人》和《山外山》兩本書中對此已有較多討論，有興趣的讀者可以參閱。

但認為張宏受到西方繪畫的影響，絕非說他是一位「西化」畫家，他與那些活躍於17、18世紀被洋風洗禮過的清廷畫家完全不同。西洋影響之於張宏，更多的是一種解放功能。觀看西洋繪畫，可能在他心中植下了一些新的理念，這樣當他開始繪製山水時，便有了更廣泛的創作可能。熟悉另一個文化的藝術，會促使畫家重新檢視自己傳統中被視為理所當然的許多規則，進而作出突破。張宏是由中國繪畫傳統培養出來的畫家，從他的仿古作品中我們可以領教他對此一傳統的把握是何等深厚;正因如此，在他接觸西洋畫後，才可能從中擷取合於自己目的的元素，而不需要放棄對中國畫的認同。同時也因為他有一種通過繪畫捕捉表像世界的傾向，所以才會在西洋技法中看到自己想要的東西。

張宏所收獲的，更多的是一種精神意識的自覺，西洋影響已被消化在他的傳統繪畫修養中。他的不少畫作都頗有西洋水彩的趣味，但整體看，它們仍是不折不扣的中國山水。張宏對西洋畫法的消化和吸收是如此徹底，以致今天要尋找他作品中的西洋影響，基本上只能依靠推測。

事實上，這是文化交流最理想的境界，不同傳統間的關係應是相互啟發，而非用一種取代另一種；我們對其他傳統的借鑒也應是有目的的擷取和採用，以彼之石，攻我之玉。而只有當我們對自己的傳統和所從事的事業有足夠了解時才可能做到這一點。

第二節　吳亮止園

對中國的園林研究者來説，《止園圖》冊其實並不陌生，陳從周先生《園綜》一書卷首所附的 14 頁園林圖，便來自這套圖冊。止園的位置和歸屬一直是個謎，我曾猜測它是蘇州畫家周天球（1514－1595）的同名庭園。直到最近才由曹汛先生考證清楚，止園位於武進城北，主人是吳亮。吳亮著有《止園集》，書中卷十七收有一篇長達三千字的《止園記》；卷五至卷七為「園居詩」，收錄他在園中居住時所作的詩篇；卷首還有《止園集自敍》及馬之騏《止園記序》、吳宗達《止園詩序》和范允臨《止園記跋》。從中我們不難體會吳亮對止園的鍾愛。

吳氏是武進的名門望族。從吳亮的祖父吳性開始，祖孫三代有十一人中鄉舉，其中進士七人，宦跡遍於四方。吳亮的父親吳中行（1540－1594）被收入《明史》列傳，膝下八子：雍、亮、奕、玄、京、兗、襄、褒，都很有出息。除了止園，在武進見於史乘的還有青山莊、白鶴園、嘉樹園、來鶴莊和蒹葭莊等，都是中行父子的產業。其中今人較為熟悉的是吳玄（1565－1625後），即計成《園冶·自序》中提到的召他造園的「晉陵方伯吳又于公」。計成見於記載的園林作品僅三座，為吳玄造園是他第一次展示自己的造園才能。吳玄的園林位於武進城東，離止園不遠，雖然他與兄長吳亮不合，但天啟三年（1623）計成幫忙造園時，還是很可能遊過當時享有盛名的止園。《園冶》中的不少描寫——江干湖畔、深柳疏蘆、斜飛堞雉、橫跨長虹，都可以落實在止園中。止園為解讀《園冶》提供了一處生動的實例。

吳亮（1562－1624），字采于，號嚴所，萬曆二十九年進士，官至大理寺少卿。他正式建造止園是在萬曆三十八年（1610年）。當時由於黨爭傾軋，吳亮辭官回鄉，開始本打算隱居到荊溪（今宜興）山中，但由於老母在堂，不便遠遊，於是選擇在武進城北的青山門外構築了止園。從《止園記》可知，吳亮一生建造過多座園林，家族中的小園、白鶴園、嘉樹園都曾經其手，最後才選定止園，因為園西便是父親生前居住的嘉樹園，隔水相望，便於照顧年高的母親。

需要注意的是，《止園圖》冊繪於1627年，當時吳亮已經去世，因此他雖是園林的主人和始建者，這套冊頁卻並非受他委託。在吳亮的子輩中，次子吳柔思中天啟二年（1622年）進士，1628年知開封府祥符縣。我們推測張宏題識中提到的「徽山詞宗」可能是吳柔思。吳亮卒後他回家守孝，到1627年三年孝滿，很可能在外出上任前，委託張宏繪了《止園圖》冊。本書後面將討論的沈周為吳寬所繪《東莊圖》冊也是這種情況。

止園距離城市很近，按當時人的觀點，「不優於謝客」，本非理想的隱居之地。但青山門外水網縱橫，將止園環抱其中，如果不乘船，出城門要步行三里多才能到達，因此園林「雖負郭而人跡罕及」，吳亮非常滿意。園門位於南側，與城門遙遙相望，其間隔着寬闊的護城河。河中央是一道栽滿柳樹的長堤，行人傴僂提攜，往來不絕，出城與進城都要經過畫面左方、長堤盡頭的城關。吳亮喜好水景，這一帶正是計成總結的「江湖地」，悠悠煙水、泛泛漁舟，環境得天獨厚。他並且將園中「有隙地可藝蔬，沃土可種秫者，悉棄之以為洿池」，園林內外，渠沼陂池，映帶貫通，蔚為大觀。這些都可以從「止園全景」圖中體會到。

這幅全景圖是從極高處鳥瞰，將整座園林清晰地展現在觀者面前，羅列了園中所有景致，同時又不遺漏細節。後面十九幅則將視點降下來，帶領觀者沿途作近距離的遊賞，但位置一直處在景致上方，保持着俯瞰的視角。《止園圖》冊有幾點特別之處需要指明。傳統冊頁大多是每頁描繪一景，各頁都有表現的重點並標明景名，圖中景致獨立自足，與其他各頁關係不大，與外界也似乎全無干涉，以傳遞出一種遺世獨立的世外桃源之感。但《止園圖》冊各頁則前後相連，描繪一段段相繼出現的景致，前面的內容在後面還會出現；各圖描繪的也並非一處處獨立的景致，因此無法用某一景名概括；並且圖中景致綿延不絕，幾乎不受畫幅限制，與外部更廣闊的世界聯繫起來。張宏似乎並未試圖將園景控制在畫幅內，而只是盡畫幅所能，框住一部分園景。所有這些出人意表之處，或許都可以在吳亮的詩中找到一個可能的解釋。

《止園集》卷五有一組《題止園》詩，第一首總論止園的寓意，從第二首起依次描寫園中景致，但與常規一景一題的寫法不同，這組詩依次為《入園門至板橋》《由鶴梁至曲徑》《由曲徑至宛在橋》《懷歸別墅四首》《由別墅小軒過石門歷芍藥徑》《度石梁陟飛雲峰》《水周堂二首》《鴻磬》《由鴻磬歷曲蹬度柏嶼》《登獅子座望芙蓉磎》《大慈悲閣偈》《由文石徑至飛英棟》《北渚中坻》《梨雲樓》《竹香庵五首》《真止堂二首》。可以看出，張宏與吳亮的思路是一致的，兩人關注的都是由此及彼的遊覽過程，而非各個孤立的景點。他們兩人一個通過畫，一個通過詩，帶領觀者對全園進行了一次動態的遊覽。

《止園圖》冊的大部分都與這組詩對應，冊頁的原始順序已無從得知，早年我曾通過細讀圖像為它們排過一個順序，現在參照《止園記》和《題止園》詩，可以將它們更有邏輯地串聯起來。同時，藉助《止園圖》冊和《止園記》、止園詩，我們繪製了一幅平面復原圖，以期對此園作更準確的把握和更深入的了解。

冊頁二將我們帶到園林正門的入口處，彷彿是將鏡頭從俯瞰全景時的極高處向着園門拉近，或者視為從全景圖中截取一個局部，作放大的表現。觀者的視線穿過河水、柳樹、長堤和葦草，落在園林外圍的虎皮牆上。正門在圖左邊，門前突出一塊平地作為碼頭，乘舟而來的遊人可由此登岸。門後有屋，客人到訪時先在此暫歇，通報主人後再一起遊園。園牆內外都是鬱鬱的柳樹，這本是最平常不過的江南水鄉景致，但吳亮《題止園》詩第一首寫道：「陶公澹蕩人，亦覺止為美」，跟門前有五柳樹的陶淵明聯繫起來，這些景致就有了深長的意味。畫面右方是一座兩層小樓，從全景圖中可以看到樓東側開有拱門，那些毅力過人的遊客，倘若能夠沿長堤走上三里地便可由此入園。

冊頁三帶觀者進入園中，上圖中那些葉色深綠的高樹在這裏只能看到一排參差的樹尖。沿着水池南岸東行，先跨過一座橋[1]，道路緩緩升起，通向土丘上的小屋。房屋位置較高，窗戶全開，便於眺望園內風景，屋內有兩人坐在桌旁對談。向北，跨過一座高高架起的木橋可到達水池東岸，橋側設有鮮豔的紅色欄杆，稱「鶴梁」，橋東是一道開有拱形門洞的虎皮牆，以便舟船通行。池水穿過木橋和石牆，向東北流去，兩岸是挺拔的修竹，竹間也有一座小屋。橋北的小路稱「曲徑」，與虎皮牆一路並行向北，盡處通過另一座木橋「宛在橋」將遊人渡到北岸。從構圖來看，左右兩側的水面呈V字形烘托出中央的三角形陸地，位於陸地中央的房屋成為畫面的主角。但事實上，這座房屋在止園中並不重要，我們甚至都不知道它的名字，吳亮在《止園記》和《止園》詩中都沒有提及。由此可見張宏確實沒有按照景致的主次去安排構圖。

冊頁四的中心是一座寬闊的水池，吳亮《入園門至板橋》詩寫道「忽作浩蕩觀，頓忘意局促」，繞過堂屋，這座水池是入園後最先看到的景致，令人頓時襟懷一寬，忘卻俗世的諸多煩擾與無奈。東岸是冊頁三中已經出現過的鶴梁、曲徑和宛在橋，北岸是懷歸別墅，兩側翼以遊廊。西岸是碧浪榜水軒，向北與長廊相接。池中偏南有一座小島，叫數鴨灘，島上有座小巧的亭子，周圍畜養着數十頭白鴨。棲息在鶴梁附近的白鶴常到此處嬉戲，主人也時常泛舟登島，盟鷗數鴨，深得江湖野趣。

1　即組詩中的「板橋」，圖中沒有表現。

懷歸別墅北面是假山「飛雲峰」，在冊頁四中只能模糊地看到輪廓，在冊頁五和六中則成為表現的重點。別墅背面伸出一間抱廈敞軒（在冊頁一中也能看到），主客二人坐在軒前的平地上弈棋，旁邊一條曲折的石子小徑通向假山西側的石拱門。這是一座全石假山，「巧石崚嶒，勢欲飛舞」。穿過拱門從北面繞出，沿池岸東行，在假山東北又有一處拱洞，可由洞中登到山上。張宏通過兩幅圖畫將這條遊山路徑明晰地表現出來，使觀者對這座空間繁複的假山瞭如指掌，不但可以藉助畫圖遊賞，甚至幾乎可以照着圖樣疊築出來。山上的奇石像伏獅、像樹屏，最高的兩峰則像兩隻高舉的蟹螯。聳立的各峰如入雲端，石上的孔竅也似乎能夠生出煙霧，使人有置身仙境之感。山上平坦處還設有供人臨池賞石的圓凳。這座假山以石為主，本來不利於栽種植物，但還是特意在山巔種了棵松樹，以供主人辭官回來學陶淵明「撫孤松而盤桓」。假山東側是一道窄窄的水峽，連通起別墅前後的水池，峽上跨有一座兩層樓閣，一位文士站在二樓的窗前欣賞滿池的荷花。水池北岸向前突出的月台上也有幾位文士，他們彼此目光相接，似乎在互相招呼。

從樓閣上下來沿着池東的堤岸，或由假山北部繞回西岸向北走，都可以到達月台所在的小島。島上有兩組建築，前面的稱「水周堂」，後面的稱「鴻磐軒」。水周堂是止園東區的正堂，精心疊築的飛雲峰，其最佳的觀賞位置就在水周堂。除了假山，在堂中還可同時欣賞池中的荷花、池南的樓閣以及它們在水中的倒影，正好符合《園冶》對「廳堂基」的定義：「先乎取景，妙在朝南。」堂前兩側植有許多桂樹，葉大花香，馥鬱滿堂，堂西則是大片的竹林。堂後庭院裏「磊石為基，突兀而上」，在最高處建鴻磐軒。院中有許多奇芳異木，如玉蘭、海桐、橙柏等，但最受園主珍視的則是羅置的諸多奇石。圖中在鴻磐軒前可以看到一塊狀若白羊的怪石，據説擊之鍧然有聲，「鴻磐」二字便由此而來。吳亮寫了一篇《青羊石記》附在《止園記》後，尊稱其為「青羊君」，並請三弟吳奕作《青羊石記跋》，可見對此石的重視。此外，院南還豎有兩座石峰，一作蟹螯狀，此類石峰以王世貞弇山園的蟹鼇峰最著名，因此在上面鐫刻王氏的絕句；另一塊外紅內綠，宛若含了一枚碧玉，則被題作「金玉其相」。

這兩幅冊頁上方都露出一座六角高閣，雖非表現的重點，卻格外引人注意。不過在我們與它正面相對之前，按《止園記》和《題止園》詩的遊覽順序，還要先到東部轉一下，「由鴻磐歷曲蹬度柏嶼」。這一帶在全景圖中只畫出局部，好像張宏事先未籌劃周詳，畫到這裏紙不夠用了一般。畫面中心也是一座水池，冊頁三里流向東北的溪水最終匯入此處。右下角的土丘可能便是柏嶼，上有「古柏數十株，翠色可餐」。池北是一座堂屋，前出凸字形月台，屋內一位文士在伏案讀書，堂外林木空翠，水天一色，有曠朗之致。

由堂屋向西，或從鴻磐軒小院西門出來向北，都能望見六角的大慈悲閣。冊頁十表現的是後者，一位長者剛從西門出來，向北度過石橋便是層石壘成的獅子坐山台。水池沿岸植木芙蓉，台上植梨棗，並且多竹，共同營造出一種佛國境界，最後以石徑直通到台座高處的佛閣。這裏是吳亮母親禮佛的場所，閣內供奉觀音大士像，左前方還有一枚精巧的石燈籠。大慈悲閣是止園東區的高潮和收束，高達十餘米，並且位於石台上，在園內許多地方都能望見，既是遊園時的地標和嚮導，又是欣賞園外風景的佳所，在閣上「俯瞰城闉，萬井在下，平蕪遠樹，四望莽蒼無際」，城內的萬家燈火，城外的千里平疇，都能夠盡收眼底。

以上便是止園東區的景致。從冊頁一中可以看到，由園門開始，經懷歸別墅、水周堂、鴻磐軒直至大慈悲閣，東區所有的重要建築都位於同一條軸線上，南北連成一線，這在江南園林中非常少見。但由於河池、小島、假山以及各種林木的穿插和掩映，這條軸線並不使人感覺呆板無趣。建築的井然有序被天然的林水化解，人工與自然構成一股張力，反而格外耐人尋味。

冊頁十中的部分景致在冊頁十一中再次出現：從獅子坐下來，經石橋折回島上，可以看到剛才的小門及其右側的修竹。竹林下是一座籬房，吳亮《飛英棟》詩曰「一春花事盡芳菲，開到荼蘼幾片飛」，可知籬房叫飛英棟，是園中培育花卉的地方。向西一道長塹將園林中區與東區隔開，稱磬折溝。一座體量很大的平橋高高跨在水上，下面有小舟通行。過橋即為止園中區的園門來青門，取王安石「一水護田將綠繞，兩山排闥送青來」之意。園門朝東，共兩層，面向城東的芳茂、安陽兩座小山，天氣晴朗的時候，兩山「隱隱若送青來」。來青門南側的長廊通向碧浪榜，前面曾在冊頁四中見過，北側是矮丘、高樹和一座茅亭。

穿過來青門為止園中區，稱中坻。這裏原是一片種植高粱的沃土，吳亮將其開鑿為水池，泥土則堆積在南岸構成山岡。經過整治，山、水各自的特點和優勢都更為突出：水面格外寬廣，山岡也幾乎像真山一樣高大。水池被隔成南北兩部分，「前池如矩，後池如規之半」。在冊頁十二中可以看到呈半圓形的北池。北岸植松竹梧柳作為園林的屏障，岸邊有一架輕盈的木橋凌波而渡，通向池中的孤亭。南岸東西橫亙着「清淺廊」，中部向北突出一座親水平台，並在西側折向北，通到西岸的一座臨水軒屋中。冊頁十三描繪的則是矩形的南池。東岸為來青門南側的長廊，共20間，或起或伏，如長虹垂帶，通向碧浪榜水軒。南岸即堆土而成的山岡，池岸土質肥沃，種有數百株桃樹，圖中表現的便是花開時節繁豔奪目的景象。山岡後部露出兩座建築的屋頂，東為凌波亭，西為蒸霞檻，築在花間。蒸霞檻在冊頁一中也能看到，「北負山，南臨大河，紅樹當前，流水在下」，每次遊賞到這裏，吳亮總會情不自禁地吟誦起李白「桃花流水窅然去，別有天地非人間」的絕句。

界於南池和北池之間的是長達二十二間的清淺廊和梨雲樓。梨雲樓周圍種有數百株梅樹，「皆取其幹老枝樛，可拱而把者」，都是經年的古樹，姿態非常優美。冊頁十四表現的便是這一帶梅開如雪的景象。梨雲樓採用重檐歇山頂，北部以短廊與清淺廊丁字相接，樓前則築兩重平台，礱石為楯，整組建築非常氣派。大慈悲閣是止園東區的高潮，梨雲樓則不但是止園中區，而且是整座止園的高潮。《止園記》由衷地讚美了其絕佳的景致：「一登樓，無論得全梅之勝；而堞如櫛，濠如練，網如幕，帆檣往來，旁午如織，可盡收之。睥睨中台，復朗曠臨池，可作水月觀，宜月；而群卉高下，紛籍如錯繡，宜花；百雉千甍，與園之峰樹橫斜參列如積玉，宜雪；雨中春樹，濛濛茸茸，輕修乍飛，水紋如縠，宜雨；修篁琮琮，與閣鈴丁丁成韻，互答如拊石，宜風。」在樓中可以近瞰桃梅，遠眺堞濠，這是空間的遠與近；而領略自然中月花雪雨風的情致，則暗含着四時的變化。吳亮在梨雲樓中體會到的是一個集時空為一體的完整宇宙。冊頁十五描繪的是矩形水池的西岸，右下角的木拱橋在冊頁十三、十四中都曾反覆出現。這一帶植有大片竹林，林間一道溪流自西而來匯入池中。此圖的景致和構圖都與冊頁三相似：右下角都有房屋和小橋，竹林所在的陸地位於右上角呈V字形，兩側被水池和溪流環繞。有趣的是，冊頁三表現的是出水口，這裏則是止園的入水口。

中坻以西是止園西區，這一帶建築比較密集。穿過冊頁十四左下角的那座小門（亦見於冊頁十五）進入一處庭院。院北正中是華滋館，高兩層，在前面又接出二層的敞軒，外圍撐有遮陰的帳幔。下層有童子在灑掃，上層則佈置桌凳，在庭中閒步的主人或許一會兒便要到此酌酒賞景。華滋館的兩翼接出遊廊，折而向南，東側連接園門，西側則通向一座小樓。建築從東、北、西三面圍成凹字形，院南則堆疊假山來代替圍牆。這座庭院頗為寬敞，院內的湖石間種有許多美麗的花木，「遍蒔芍藥百本，春深着花如錦帳，平鋪繡茵，橫展爛然盈目……其隙以紫茄、白芥、鴻薈、罌粟之屬輔之」。花木與湖石間植，是造園常用的手法，花石相映，相得益彰。圖中左下角的湖石間花開如錦，園中三人或掬花在手，或寓目清賞，或在轉身後仍戀戀不捨地回首顧盼，享受迷人的花色。院外南部是一道溪流，向東匯入中坻南池，在院西則先匯成龍珠池。池西為竹香庵，周圍不但有大片的竹林，還有青松、香櫞和一塊珍貴的古廉石。竹香庵、華滋館及其西南的小樓都可以在冊頁一中看到，並成為冊頁二十表現的重點。這應是冊頁的最後一幅。右上角有張宏的題識，畫中描繪冬景，也有結束之意。圖中所繪是遊人遊園結束後從北門出去，站在長河對岸向園內觀望所見到的景致。

近岸有旅店的幌子在迎風招展，長河中一位身着蓑衣的船夫正載着貨物吃力地划過，主人與客人則站在華滋館西南的小樓中，撐起窗帷，感受園林內外冬雪覆壓下的靜謐與蕭瑟。

由竹香庵向北是三座正堂：中央三間稱真止堂；東西各兩間，分別為坐止堂和清止堂。這是園中最重要的建築。論規模和景致，它們比不上大慈悲閣和梨雲樓，但就意義而言，卻是全園的核心。吳亮沒有將它們安排在遊園的高潮處，而是置於最後，也是為了契合「止」的寓意：三止堂是園主的棲止之所，也是園景的終止之地，「至是吾園之勝窮，吾為園之事畢，而園之觀止矣」。冊頁十七描繪的很可能是真止堂，主客二人身着官服坐在堂中，較為正式。庭院兩側是遊廊，園內的磐石間則長滿了高大的林木，筆法粗放。冊頁十八可能是坐止堂，北面為三間堂屋，內有二人對坐閒談，旁邊一名童子倚着欄杆向外眺望。院中罩架之下有玲瓏的湖石和紅白交映的花木，筆法細膩，設色明豔，較為精雅。這裏介紹的最後一幅是冊頁十九，所繪為止園後門，即冊頁一中真止堂後的那座小屋。這裏既是園門也兼作碼頭，旁邊有船隻停靠。圖左岸上一位漁夫坐在釣竿旁打盹，河中則有一位船夫載着客人匆匆駛過，將我們重新帶回到忙碌喧囂的現實世界。當我們在園中遊覽時，陶醉在翳然林水之間，常會有種靜止之感，渾然不覺時光的流逝。直到從園中出來，才如夢初醒，回到現實中。一座園林就像一方壺中天地，園中的一切似乎都可以與外界無關，園林內外彷彿使用着兩套時間，園中一日，世上千年。就此意義而言，園林便是建造在人間的仙境。

吳亮最後總結道：「園畝五十而羸，水得十之四，土石三之，廬舍二之，竹樹一之。」可以發現，這句話與王世貞對弇山園的總結，「園畝七十而贏，土石得十之四，水三之，室廬二之，竹樹一之」，模式完全相同。這並非巧合，而是吳亮有意為之。我們後面會詳細討論弇山園（又名小祇園），這座奇幻巨麗、名冠東南的「晚明第一名園」，對當時的造園活動影響極大，止園便是其中之一。止園中的景致，如古廉石、蟹螯峰、知津橋、芙蓉池、磬折溝都與弇山園中景致的名稱一致；《止園記》與《弇山園記》的寫法也很相似，都注重鋪敘實景，甚至其中許多辭句都如出一轍，如《弇山園記》論及景物，也有宜花、宜月、宜雪、宜雨、宜風、宜暑的概括；最重要的是，王世貞《題弇山園》詩的標題依次為「入弇州園，北抵小祇林，西抵知津橋而止」「入小祇林門至此君軒，穿竹徑度清涼界、梵生橋達藏經閣」……吳亮別具一格的《題止園》詩顯然是受此啟發。

然而，在強調止園受到弇山園影響的同時，我們也不應忽視止園的獨創之處。止園的建造距離弇山園初建（1572 年前後）已有三十餘年，造園風格的變革正在悄然醞釀。此前眾口交譽的弇山園在當時已開始出現批評的聲音，如王思任《記修蒼浦園序》説：「予游賞園林半天下，弇州名甚，雲間費甚，佈置縱佳，我心不快。」弇州指弇山園，雲間指豫園，都是造園大師張南陽的傑作。王思任是晚明的著名文人，以能文善謔著稱，他遊覽過無數園林，認為這兩座名園經營雖工，自己卻遊興不高。就止園而言，馬之騏的《止園記序》提供了極重要的訊息，他評論止園説：「園勝以水萬頃，淪漣蕩胸濯目，林水深翳，宛其在濠濮間。樓榭亭台位置都雅，屋宇無文繡之飾，山石無層壘之痕，標弇州所稱縷石鋪池，穿錢作埒者敻然殊軌。」王思任及其他人對弇山園的批評還不免有點酸葡萄心理，因為他們所稱道的園林在造園藝術上其實無法與弇山園相提並論；但止園在這一方面卻是可以與弇山園一較高下的。有了這份資本，「夐然殊軌」四個字才能夠說得擲地有聲。了解了這些，再看止園與弇山園的相似，便揭示出更深層的含義：止園對弇山園的「亦步亦趨」並非僅為模仿，更是為了與之競爭。吳亮建造止園時，是將王世貞弇山園作為自己的理想與標杆，這是一個值得尊敬的前輩和對手。就像現代建築領域裏的路易康之於柯布西耶。我們完全可以設想，吳亮也許會像路易康一樣，走在苦心孤詣而成的止園中，忍不住有些得意地問：「弇州兄，小園尊意以為如何？」止園對於弇山園，是致敬，也是挑戰。將兩園對比觀之，我們可以更真切地領略晚明時期的公卿名士們在園林中「各竭其才智，競造勝境」的勃勃生氣。

兩園最大的區別，便在吳亮和王世貞各自指出的：止園「水得十之四」，弇山園「土石得十之四」。雖然只是一兩個字的差別，卻代表了對園景迥然相異的兩種追求。弇山園重疊山，止園重理水，前者所需的人工和物力要超出後者許多倍。石料追求洞庭、武康等地的特產，採石、運石都是不小的開支，疊石成山更是一項浩大的工程，富貴如王世貞，在弇山園建成後，「問橐則已如洗」。相比之下，開池無疑要省力許多，吳亮也沒有財力不濟的苦惱。而在經濟考慮之外，更重要的則是兩園風格取向的不同：弇山園以山勝，精華是三座假山，峰奇、路險、澗曲、穴深，令觀者駭目恫心，但不免人工痕跡過重；止園以水勝，池沼勾連、溪澗縱橫，林水深翳，如在濠濮之間，特具自然的清新之氣。表面看是疊山與理水的區別，實際則是人工與自然的分殊。

弇山園是張南陽的傑作，累石疊山的人工技藝至此可謂已經登峰造極；此後，明代造園藝術越來越重視對自然趣味的追求，止園便是承前啟後的重要一步。但止園主要還是藉助水景來營造自然氣氛，園中山石如飛雲峰、蟹鼇峰、青羊石，仍是弇山園疊山置石風格的延續。新時代造園風格的這次變革，要到張南垣才最終完成。張南垣平岡小阪、土中戴石的做法使疊山也自然化了，他的假山不但省工省料、豐儉由人，並且宛如自然峰巒在園內的延續，使人真假莫辨，絲毫不覺是人為之山。我們最後會在樂郊園（張南垣為王時敏建造）中討論造園史上的這次重要變革，止園正是處在弇山園與樂郊園之間的一個精彩而關鍵的過渡。

吳亮在《止園記》中還提到了造園匠師周伯上，《止園集》卷五有《小圃山成賦謝周伯上兼似世于弟二首》，卷六有為其賀壽的《周伯上六十》，從中可見吳亮對周氏的尊敬和重視。古代園記大多偏重抒發園主的寄託和抱負，極少提到匠師，讓人幾乎以為園林的營造全靠主人自出心裁。實際上，匠師與吳亮這樣的主人都不可缺少。沈德潛《周伯上畫十八學士圖記》提到：「前明神宗朝廣文先生薛虞卿益命周伯上廷策寫唐文皇十八學士圖」，可知周伯上便是周廷策。他的父親周秉忠曾為徐泰時建造東園，即蘇州留園的前身，據袁宏道《園亭紀略》記載，東園的「石屏為周生時臣所堆，高三丈，闊可二十丈，玲瓏峭削，如一幅山水橫披畫，了無斷續痕跡，真妙手也。」周伯上繼承了父親的絕學，畫觀音，工壘石，還擅長雕塑，是一個全才，「太平時江南大家延之作假山，每日束脩一金，遂生息至萬」。每天能拿到一金的報酬，可見其技藝相當高超，止園無疑是他經手的一項大工程。更值得注意的是，父子兩人皆為精通繪畫的造園大師。精通繪畫是晚明造園家的共同特點，張南陽、張南垣、計成都有不錯的繪畫功底。事實上，正是通過通曉繪事的園師與精通詩文的園主合作，畫意和詩情才被引入到園林中。園主將自己領略到的詩情喻之匠師，匠師則有如造化之神，經營出園中丘壑，他的繪畫素養，使園林天然就具有了繪畫的意境。

止園的廢棄不知始於何時，道光《武進陽湖縣合志》稱其「在東門外」，連編縣志的人都會弄錯位置，可知到道光年間已荒廢了很久。今天在 google 衛星地圖上，仍然能找到止園的舊址，位於常州市關河中路北，青山路、晉陵中路東。如今這裏已建成常州新天地和怡康家園。在數百年之後，看到這張地圖，我們依然能馬上辨認出，這裏便是張宏筆下的止園：與關河中路、晉陵中路並行的是「止園全景」中那條環繞園外的長河，左下角的青山橋則是青山門北的圓形城關，張宏的寫實能力着實令人歎為觀止。只是「山河風景元無異，故園池台已全非」，擁擠在熙熙攘攘的商業大廈中的現代人或許從來未曾意識到，腳下的這片土地上曾經孕育過一座多麼優美的花園。

附錄七 《止園》——美國權威學者高居翰的中國之愛

吳幼麟

2013 年 3 月 24 日，美國加州大學伯克利分校的教授別墅院落前，一位身高近一米九，形銷骨立、病容慘澹、兩隻眼睛卻依然閃着智慧光芒的老人低聲自言自語：「再見了，我的朋友！」

誰是他的朋友？

一輛廂式大貨車滿載 112 箱中國藝術史資料，2000 餘冊大型藏書畫冊，13000 多幅中國美術史數位圖像資料、教學幻燈片緩緩駛出他的院落⋯⋯這就是陪伴了老人一生的朋友，這可不是一般的朋友，更準確地説，是他一生的心血，一生刻骨銘心的摯愛。「這次第，怎一個愛字了得！」

第二年 2014 年 2 月 14 日老人去世了。中國北京的三聯書店為了紀念，破例為他出齊了八本套裝文集。

這個老人是誰？

他就是享有世界範圍學術聲譽，在國際文博收藏界、中國古代藝術研究領域中具有崇高地位，曾任美國華盛頓弗利爾美術館中國藝術部主任，加州大學伯克利分校藝術史系中國美術史教授，北京故宮博物院特聘專家，1997 年獲得加州大學頒發終生成就獎的美國學者高居翰先生（James Cahill）。

他的那些「朋友」到底去了哪裏？

原來這些被高居翰視為生命一般的朋友，從美國加州運到了中國杭州的「中國美術學院」。專程到美國高宅的接收人，乃是該院圖書館館長張堅教授。中國美術學院專門建立了「高居翰圖書室」和線上的「高居翰數字圖書館」。從此，高居翰的名字在中國藝術史領域裏，成為了一個十分特殊的歷史符號，被後來的學子銘記不忘，永久落戶中國，成就了中美文化和藝術交流史上永遠不會消失的一段佳話。

時間拉回上世紀五十年代初，在美國麻省劍橋的一個專售中國古代藝術品的小型展覽上，展室的燈光有些昏暗，一位高且瘦，戴着眼鏡，約有二十多歲的美國男子正聚精會神，認真地流連踱步在展品前，凝神欣賞着這些因年代久遠而變得陳舊斑駁的中國書畫與器物雜件。其專注程度，就像獵人在尋找獵物。此人正是高居翰。

終於他在一套明朝畫家張宏所繪的園林冊頁前停下了腳步，彎下身去，細細審視，久久沒有離開，顯然他被這套明朝冊頁吸引了，他的雙眼透過眼鏡片發出異樣的光芒，正如獵人發現並瞄準了獵物。

這套冊頁居然有完整的二十幅。明朝距今已有三百多年，此圖歷經風霜歲月、戰亂殺戮，從中國流傳到美國，裝裱固然已經十分老舊，破損之處在所多有，但難得的是品相基本完好，畫面色彩筆墨依然清晰可鑒，每幅大約一尺見方，畫的是一座中國明朝的南方園林，款識為「止園」。

正是這次高居翰與《止園》圖冊的不期而遇，開啟了他與該圖冊近七十年糾纏不清，越纏越清的故事。其間，偶然與必然的各種充滿戲劇性，令人不可思議的情節，破空而來，跌宕起落，驚喜與失望，狂喜與遺憾反覆出現。《止園》圖冊的神奇命運與高居翰的人生軌跡牢牢地捆綁在一起，從他的生前延續到身後，而尤其令人錯愕驚詫且完全意料不到的是，由於《止園》圖冊的發現，又牽出了一個中國歷史上少有的文化大家族。

這便是中國江南吳氏家族，自北宋至今有九百年文昌閣功名榜記載，自明朝至今有五百年古本家譜完整明示，血親一脈垂直，幾乎代代都出文化名流巨匠，證實了這個家族的成員實際上是一組真正傳承有序的、活着的文物。

* 周恩來接見吳祖光

* 後排：武德萱，郭秀儀，胡潔清，廖靜文，董希文，于非闇
前排：齊白石，徐悲鴻，新鳳霞

* 高居翰參加吳冠中畫展合影。其女莎拉提供

明史上有重要記載的吳中行、吳宗達、吳炳、吳亮、吳仕、吳襄、吳正志、吳洪裕，清朝吳士模、吳殿英、吳琳，現當代的吳瀛、吳祖光、新鳳霞、吳祖強、吳冠中、吳歡，均是這個家族的重要成員。

明朝時著名畫家唐伯虎、文徵明、沈周、董其昌等，現當代名流齊白石、徐悲鴻、郭沫若、老舍、梅蘭芳、程硯秋、田漢、董希文、李苦禪、李可染、黃冑、侯寶林、趙丹、白楊等，都曾是吳家不同時期的座上賓。

吳氏家族曾是園林世家，據常州文史學者薛煥炳先生研究成果表明：有明一代，在常州宜興一帶建有止園、鶴園、鷗園、拙園、綠園、天真園、東第園、嘉樹園、蒹葭莊、青山莊、來鶴莊、楓吟園、粲花園、雲起樓、滄溪別業等二十餘座園林；吳氏家族曾是紫砂世家，發明了吳仕供春紫砂壺，是如今風靡天下的紫砂的鼻祖。

* 吳歡曾祖父吳琳

吳氏家族曾是收藏世家，在明朝吳仕楠木廳老宅，由董其昌題匾的雲起樓收藏「中國十大歷史名畫」之首《富春山居圖》五十餘年。

近現代以來，吳氏家族人才輩出，又因參與辛亥革命、創辦故宮博物院，成為文博、戲劇、電影、音樂、書畫世家而享譽中外。

* 吳瀛與夫人周琴綺合影

* 吳祖光與新鳳霞

淵源有自，高居翰偶然發現的《止園》，竟然是這個有九百年歷史，真實記載至今未衰，在中國民間有着廣泛影響的吳氏家族老宅，這太神奇了！太不可思議了！這離奇而真實的故事被不斷放大，情節被不斷傳頌，竟然產生了異乎尋常的跨界效應，至今仍在連環發酵，引起國內外各界人士的濃厚興趣，迅速成為一段中美文化交流的美妙傳奇佳話。

一位外國人，對中國文化藝術有興趣這並不奇怪，好奇、獵奇是人類永遠的天性。

一位外國人把畢生精力毫無保留地奉獻給了中國文化藝術，這就令人奇怪了，而且不是一般的奇怪，是非常奇怪。

高居翰，為什麼是高居翰？他到底是怎樣跟中國古代藝術結緣的？這要從他年輕時説起。

高居翰 1926 年出生於美國加州，二戰期間作為美軍士兵在日本接觸到了東方藝術，完全是天性使然，他一發不可收拾地全身心愛上了中國藝術，用湯顯祖《牡丹亭》裏的一句著名台詞解釋：「情不知所起，一往而深。」如果從另一個角度來看，也可以説，正是博大精深的中國藝術，令他目眩神迷，並終生陶醉於茲，迷戀於茲，融化於茲，最後永恒於茲，以至於作為後輩的我們至今還在寫文章紀念他，講述着他的故事……

上世紀四十年代後期，高居翰回到美國，1950 年畢業於加州大學伯克利分校東方語文學系，之後又分別於 1952 年和 1958 年在密西根大學安娜堡分校追隨美國第一代世界知名的中國藝術史學者羅樾先生（Max Loehr，1903－1988）學習，正是在密西根大學，高居翰開始埋頭研究中國古代藝術，並獲得碩士和博士學位。

有一點需要提示，中國自清朝有一段時期積貧積弱，戰亂不斷，大量中國文物書畫流落海外，因此若要研究中國藝術的古代部分，國外的資源條件在某些方面反而優於中國國內。

一個偶然又必然的機會，高居翰前往斯德哥爾摩，協助瑞典研究中國美術史的權威大家喜龍仁（Osvald Siren 1879－1966）教授撰寫七卷本《中國繪畫：大師與原則》。杜甫有詩曰：「轉益多師是汝師。」高居翰得其道也。

喜龍仁教授對高居翰甚為器重，在此之後，曾推薦高居翰作為史基拉出版社系列叢書《亞洲藝術瑰寶》中《中國繪畫》的作者。此書獲得空前成功，英、法、德、中譯本相繼刊行，且不斷再版，成為西方人士學習中國美術史的重要入門書籍。

出道便獲成功的高居翰在研究中國藝術的業界立即打開了局面，緣此又結識了旅居紐約的中國收藏大家王季遷。

這位王季遷在圈內絕非等閒人物，他 1906 年出生，比高居翰整整大了 20 歲，曾拜吳湖帆為師，擅書畫、精鑒藏，號稱海外收藏界的魁首。

正是在王季遷的陪同下，1959 年，高居翰去了台灣。在台灣高居翰見到並結識了中國畫大師張大千等眾多業內高人，而最大的收獲是以美國研究學者的身份，在台中看到了被從大陸帶到台北故宮博物院的幾乎所有藏品，並拍攝了大量圖片，這為他一生的學術研究，從實際的資料積累到意識層面的信念堅持與支撐，可以肯定地說起到了決定性的作用。

* 高居翰與張大千夫婦合影。上方為張大千題詞：「高居翰先生留念。戊戌十月大千張爰題贈」。莎拉提供

然而，在他事業上如此成功意氣風發的同時，一個巨大的困惑與不可知，像一座橫亙在他面前的高山，令他沒有任何逾越的辦法，百思而不得解，完全束手無策。這便是他已經全身心地迷

戀上中國藝術，卻由於當時的中美關係沒有解凍而無法前往中國，令學界人士對他的業績無法建立起權威的認同。這對一位研究中國文化的專業學者而言，簡直是一個荒唐透頂的大笑話。

吉人自有天相，機會來了，隨着 1972 年尼克森訪華成功，堅冰被打破，1973 年，高居翰隨第一批美國考古學者代表團來到了中國，其內心的喜悅自不必說，因為他研究的領域被徹底打開了，研究的天地足夠他放馬馳騁而無所羈絆，這對他個人的學術追求而言，簡直就是一種心靈與意識上的徹底解放。

高居翰之女莎拉在談及父親時說：「我父親晚年親口對我說過，《止園》圖冊是他研究中國藝術的高潮。」

高居翰一生研究的中國古代藝術命題無數，為什麼他自己要把《止園》研究定為高潮，何以見得？

* 1973 年高居翰首次訪華合影。莎拉提供

這要從兩個層面證實，一個層面是純美術研究領域，另一個層面是跳出了純美術領域而進入歷史人文的最深處 —— 在那遙遠的過去追尋真實的止園到底是怎樣一個所在？從《止園》到中國園林美術，再到園林建築設計，再到園林主人的追尋在止園中到底發生了什麼？從古到今演繹出多少故事？具象寫實美術的奧妙與作用到底在哪裏？

高居翰這位美國學者的研究方法與學術追求，在潛意識中竟然與大偵探福爾摩斯暗合，完全可以等量齊觀。

從高居翰第一眼見到《止園》圖時，他就深信不疑地斷定，這不是一組中國畫家天才爆發的藝術創作，因為中國古代畫家的最大特點是強調胸中丘壑山川，夢裏亭閣樓台，虛構意境創作出大量精美絕倫的寫意繪畫。但是這二十幅一套的《止園》圖絕對不是，這肯定是一座歷史上真實的園林，他決定不僅要研究這組《止園》圖冊的藝術成就，更要找到這座真實的園林。然而當他在學術界公佈了這一想法之後，卻遭到了業內人士的普遍質疑，甚至一些名教授也對此不屑一顧，認為這是天方夜譚，完全不現實的夢裏奢望。

徐悲鴻曾有句名言：「獨持偏見，一意孤行。」

高居翰是其人也！唯其如此，反倒更加激發了高老夫子不到黃河心不死的決心！於是這位天賦異稟的美國學者便堅韌不拔地踏上了用畢生精力尋找中國《止園》的漫長旅途。

人類歷史中任何成功者都非一蹴而就，各種難以想像的複雜與艱難必定接踵而來。

現在就讓我們看看高居翰因為《止園》研究都遇見了什麼？又做了什麼？

前面提到高居翰研究方法的兩個層面，第一個純美術層面是比較容易解決的。

首先是對《止園》圖冊的作者明代畫家張宏本人在藝術特點分析研究之後，以一個外國學人、他者的角度觀察不重寫意，更重寫實的目光，把一大批中國歷史上寫意大家的地位向下調整，把張宏在整個中國古代美術史上的地位提到一個令人驚訝的高度。

在他的重要著作《氣勢撼人》中提到十七世紀中國繪畫的自然與風格裏，第一章便是「張宏與具象山水之極限」，其他所有明代寫意大家，董其昌、吳彬、陳洪綬、弘仁、龔賢、王原祁、石濤等竟然都在其後，完全顛覆了中國藝術史家們自己的研究觀點與結論。這裏沒有對錯可言，因為他是外國人，以他者的目光，就是這樣看的。

高居翰真正遇到的麻煩與挑戰乃是他研究的第二個層面 —— 歷史人文部分。

首先經過高居翰的追尋聯絡，發現這套《止園》圖冊由於市場經濟拍賣等原因被拆散，分藏在德國美術館、美國美術館以及私人藏家手中，已經無法接觸到完整的圖冊。

此外，另一個更加重大的難點，是美國研究中國園林畫不僅很難查閱資料，也沒有機會與中國園林學者對話交流。

但這難不倒高居翰。

上世紀七十年代初，他了解到美國紐約大都會博物館計畫建造一座中國庭園「明軒」，作為亞洲部的主體空間，通過各種管道與中國園林界進行聯絡。

1977 年高居翰的好友亞洲部主任方聞訪問中國，與中國同濟大學的首席園林學者陳從周先生相見，共同考察蘇州園林，選中網師園「殿春簃」作為建造「明軒」的範本。

1978 年陳從周先生應邀訪美，協助建造「明軒」，這是中美文化交流中斷二十年後的一件大事，高居翰沒有放過這一天賜的機緣，為了《止園》研究，他想盡辦法，終於見到了陳從周先生。

這兩位人物的見面，是《止園》圖冊研究的一個重要節點。

當陳從周先生看到高居翰手裏的 14 幅《止園》冊頁圖片時，不禁大吃一驚，驚歎地大加激賞，稱讚「這是對一座中國古代園林真實面貌再現的第一視覺證據、最佳視覺呈現」。中國明代沒有照相術，所有當時的園林全是木結構，因年代久遠，歲月風化基本不復存在，包括蘇州園林也是後來重修再造，已非當年的原汁原味。

高居翰遇到了知音，其內心的喜悅可以想見。他熱情地把這能找到卻並非完整的十四幅《止園》冊頁圖片送給了陳從周先生。

陳從周畢其一生致力於收集歷代的名園史料，終於在他生前出版了中國園林史上的扛鼎名著《園綜》。此書開篇便登載了高居翰贈送的 14 幅《止園》圖片，可見《止園》圖在中國園林史中的地位。作為圖片的提供者高居翰，自然與有榮焉！

1984 年，美國敦巴頓橡樹園（Dumbarton oaks）計畫籌辦一場中國明代園林研討會，高居翰提議邀請陳從周先生參加，並希望與他合寫一篇論文，從繪畫和園林兩個學科共同探討《止園》圖。遺憾的是美方的多次來信都沒有聯繫到陳從周先生。不久陳先生也駕鶴西歸，高居翰只好繼續獨自研究《止園》圖。

1996 年高居翰不辭辛勞以窮追不捨的精神聯繫洛杉磯郡立美術館李關德霞，奇跡般地找齊了分藏各處的藏品，這是被拆散了五十多年後的《止園》圖冊首次完整地匯合在一起。

在高居翰的策劃與組織下，由洛杉磯郡立美術館和柏林東方美術館聯合舉辦了名為《張宏〈止園〉圖 —— 再現一座 17 世紀中國園林》的展覽。高居翰為展覽圖冊撰寫了專文介紹，他通過精讀圖像，將各分圖描繪的景觀在全景圖上一一標出。此展覽展期一個多月，參觀人無數，在國際業界產生了極大的影響。

2010 年，《止園》的故事又有了突破性的進展，雖然沒有高居翰的直接參與，但源頭仍然要歸功於他。這一年，建築大師梁思成年過古稀的弟子，北京建築大學建築系教授曹汛在國家圖書館查閱資料，無意之中發現了一套明朝萬曆二十九年進士，官至大理寺少卿吳亮所著的《止園集》，此集屬海內孤本，共 800 多頁，卷五至卷七為「園居詩」並有一篇三千字長文《止園記》。詩文描繪的內容與他讀過的陳從周所著《園綜》上開篇便見的「止園」圖完全對應，絲毫不差，這令他大吃一驚。由此可以斷定止園主人便是文集的作者吳亮。《止園》的位置就在吳亮的家鄉 —— 江蘇常州。

曹汛馬上把這個情況告訴了他的兩個學生，這是一對年輕夫婦，同為清華大學建築系畢業的博士生黃曉、劉珊珊。曹汛跟據《止園集》內容推斷，《止園圖》絕不止《園綜》上發表的 14 幅，於是囑託黃、劉二人幫忙尋找全套圖冊。

黃曉和劉珊珊沒有讓老師失望，他們居然在中國北京三聯書店出版的高居翰著作《山外山》中看到了關於《止園圖》的研究文章，他們馬上聯繫了北京三聯書店的編輯，要來了高居翰的聯繫方式，連夜給高居翰發了一封電郵。

據黃曉和劉珊珊回憶，當他們把電郵發出之後，心情忐忑不安，因為他們跟高居翰完全不認識，又是位美國著名學者，因此他們焦急地等待着回音，會是怎樣的結果？能否順利溝通？完全無法預料……

美國的高居翰先生收到電郵之後的喜悅，用大喜過望來形容毫不為過。多年的堅持與尋覓，無數次為了止園存在與否的真實性與同行學者之間吵得不可開交，幾十年學術生涯片刻沒有放棄的課題，胸中揮之不去的鬱悶之氣，一瞬間蕩然無存。

此時距離他與陳從周先生的交往已經過去三十多年，陳先生早已成為古人，而他在 84 歲高齡之年終於又和中國的園林學者再次建立了聯繫。

高居翰片刻未停，第二天便發電郵給曹汛和兩位中國青年學者，寄來了全套二十幅《止園》圖複製件，還有歷年收集的園林繪畫圖像，並提議以《止園》圖冊為核心，展開聯合研究，並出版一本園林繪畫專著，這是他晚年最重要的心願。

2012 年高居翰與黃曉、劉珊珊合著的《不朽的林泉 —— 中國古代園林畫》由北京三聯書店出版了，並且在寫作過程中，根據當年吳亮在「止園記」中的記載，在常州青山門外找到了「止園」的舊址，遺憾的是大部分園址已被開發為商業居住區。

高居翰得知「止園」的現狀十分傷感，在書中的跋語中他寫道：「如果有足夠的資金、水源、花石等，借助張巨集留下的圖像資訊完全可以較為精確地重建止園。」

如此這般，《止園》的故事在業界越傳越廣，2013 年園林學專家沈子炎根據《止園》圖用電腦製作成了數位止園模型，並由黃曉發給了高居翰。高居翰十分高興，立即發佈在自己的網站上。該年 8 月，兩位青年學者踏上了前往美國的班機去專程拜訪前輩高居翰先生，慶祝他 87 歲的生日。高居翰親切地會見了兩位年輕人，滿懷激情地討論關於「止園」研究的新計畫。

2014 年 2 月高居翰永遠離開了人間，他走得十分安詳，因為他完成了一位學人應該做的業績，這是人生圓滿的結局。

故事到此本應該結束，但身在天堂的高居翰沒有就此「罷手」，想必正是他仍在冥冥之中策動着《止園》故事繼續向前發展，預示着更大的驚喜又將出現。

2015 年座落在北京的中國園林博物館要選一座古代園林製成模型，在館內展覽。經專家們的評估推薦，由於《止園》圖冊是權威園林大家陳從周先生認定的中國古代園林第一視覺證據，於是選定將《止園》圖冊製成精雕模型，作為中國古代私家園林代表，與館藏的皇家園林代表《圓明園》模型並列永久展出。

這件《止園》模型由非遺技藝傳承人，微雕大師闞三喜製作，選材多是紫檀、黃花梨等級的上好木料。黃曉、劉珊珊受邀主持學術監製，以求最大限度還原再現歷史名園。

2017 年，耗時兩年的《止園》模型完成並正式展出。這時距離高居翰初次看到《止園》圖冊已近七十年光景，在中美學人的共同努力下，完成了《止園》從繪畫向立體園林的跨越。

* 止園精雕模型局部，中國園林博物館藏

2018 年 6 月，讓所有人更加驚詫到瞠目結舌，不可思議的有關《止園》最大奇事在毫無徵兆的情況下突然出現了。

完全是一次常態的博物館界內部交流，宜興博物館館長邢娟女士被安排到中國園林博物館參觀，當走到《止園》模型前的時候，她看見吳亮的名字，不由停住了腳步，認真細讀人物介紹後憑着她敏鋭的學術積累與直覺，立即肯定地做出判斷，向陪同她的該館副館長黃亦工先生説：「這個止園主人吳亮的後人還在呀，還不是小人物呀！是全國政協委員、著名畫家吳歡，吳歡的父母正是現當代藝術大師吳祖光、新鳳霞。他家祖籍江蘇常州府宜興，有九百年文昌閣功名榜記載，有五百年古本家譜明示，所有完整歷史資料都在我們宜興博物館。」

邢娟館長説罷當即打通了吳歡的電話，不多解釋直接對吳歡講：「吳先生，我現在中國園林博物館，在這裏發現了您明朝的老宅，因為我今晚要回宜興，請您明天拿着您家譜的十卷本複製件，來園林博物館確認一下。」當時，吳歡並不認識黃、劉二位，是通過常州鄉賢薛煥炳先生幫助聯繫上的。黃曉、劉珊珊編著《不朽的林泉》一書時，數次到常州，薛先生又幫助黃曉找到了止園舊址。

吳歡被完全搞懵了，還要細問，快人快語的邢娟情急中叫出了家鄉朋友對吳歡的慣稱：「歡爺，跟您説不清，來了就全明白了。明天就來！快點來！」

第二天上午吳歡由助理陪同，抱着帶函套線裝版的家譜複製件來到了園林博物館，該館的工作人員已恭候多時。因館長出差在外，黃亦工副館長親自出來接待，

＊ 周恩來接見新鳳霞

一行人先到止園模型前參觀，然後來到貴賓接待室，由吳歡打開家譜，當眾驗明正身。

這套常州府宜興吳氏家譜古本記載了明朝至晚清的吳氏先祖，最後一代是吳歡祖父吳瀛五位兄弟姐妹。最後一次修訂是光緒年間，吳歡父親吳祖光生在民國，不在譜內。止園主人吳亮的大名白紙黑字赫然在冊。血親垂直，一脈相承，一個五百年未斷的江南文化大族被揭開了塵封的帷幕……

在場所有人先是互相對視，繼而爆發出掌聲，塵世滄桑，五百年歲月光怪陸離，天地人神，波譎雲詭，這個家族歷經多次朝代更替歲月變遷到如今未曾衰敗反而愈發興旺，遠的姑且不論，近三代以來都是文化藝術界的頂級精英名流，這種情況放眼全國乃至世界也甚是少見。

以畫家吳歡而言，連任三屆全國政協委員，身兼香港文聯副主席、中國辛亥革命研究會常務理事、中國文物保護基金會首席專家等，早已是名揚海外華人世界的「京城才子」。

如今吳歡已經 65 歲，曾經滄海將奔古稀之年，對於這突然而來的家世狀況仍有些懷疑，難道真有這種事情，怎麼從小到大沒聽家中大人講起過？當他得知此事的研究學者知情人是兩位年輕學者時，馬上提出要見黃曉、劉珊珊的要求。博物館方面答應立即代為聯絡。

此後的第三天是星期六，黃、劉二位年輕博士沒有課，上午十點來到了吳歡家中，話題從美國學者高居翰先生當年發現《止園》圖冊談起……

當天分手時吳歡做出決定，立刻準備去美國看望高居翰先生家人以示感恩，同時去洛杉磯郡立美術館拜觀祖上《止園》圖真跡，馬上買機票，刻不容緩，一切費用由吳歡承擔。

2018 年 8 月，吳歡與黃、劉登上了飛往美國洛杉磯的班機。

吳家在海外華人中影響甚大，所到之處皆有親朋好友接應，到機場迎接的是吳家世交後人，美國主流媒體洛杉磯郵報著名記者，也是出自書香名門的任向東先生。

第二天以洛杉磯華僑界台灣知名教授張敬玨為首，邀集了三十多位華人知名學者為迎接吳歡一行舉辦了一場頗具特色的「派對」。著名詩人徐志摩之孫徐善曾帶全家到場，説起來，徐、吳兩家有姻親之雅，徐志摩夫人陸小曼母親吳曼華乃是常州吳家人。吳歡表兄，清朝探花官拜工部尚書，軍機大臣，大收藏家潘祖蔭後人潘裕誠及世交友人也紛紛前來。

第三天，吳歡在黃曉、劉珊珊陪同下，來到了洛杉磯郡立美術館，並與館中中國部主任利特爾，美國知名的中國書畫研究專家進行了專業書畫交流。

吳歡好友，中國知名演員胡慧玲和先生原洛杉磯郡郡長安東諾維奇也應邀前來參加當天亞洲館內的研討會。

當吳歡一行由美方專家陪同進到洛杉磯郡立美術館地下庫房，工作人員從保險櫃中小心翼翼地取出《止園》圖一幅幅鋪到長案上時，吳歡被徹底震撼了，看着明朝祖先留下的遺物，看着當年明朝家鄉老宅的舊貌，那種感覺太特殊，太感動，實在是無法言狀。

* 美國亨廷頓博物館研究學者孔紈、吳歡、柯一諾

據吳歡後來回憶，當時他只想到了一個人 —— 高居翰。他要感恩這位美國老學者。他要為高居翰開一個盛大的紀念研討會，總之他要為高居翰做點實事，以此報答這位去世老人對自己家族，對中國藝術奉獻畢生做出的努力。

中國人講有情有義，作為吳氏家族止園後人，吳歡唯有感恩！感恩！依然還是感恩！

吳歡在洛杉磯的好友，聯合國國際交流與協調委員會高級專案官員，亞太交流與合作基金會主席肖武男，著名電影演員唐國強、壯麗夫婦也紛紛前來設宴招待……

緊接着吳歡一行人又飛到了三藩市，徑直前往加州大學伯克利分校的教授別墅，年過九旬的高居翰夫人和女兒莎拉早已經在家中等候。

吳歡恭恭敬敬地給老人鞠躬致意，然後獻上專門為老人創作的書畫作品，並參觀了高居翰當年的工作室……

高居翰先生走了四年，如今他畢生研究的止園後人吳歡竟然神奇地來到他的美國家中，如果老人還活着又將是怎樣一番情景。這裏用白居易當年的兩句詩作解，以此釋懷：「令公桃李滿天下，何用堂前更種花。」

* 吳歡、黃曉、劉珊珊在伯克利與高居翰原配夫人和女兒合影

吳歡受邀到美國訪問，得到了美國主流報紙《洛杉磯郵報》的關注，先後以「中美學術交流獲重大成果，發現並認定中國古典私

家園林止園」和「中國文化名人吳歡訪美，展開中美合作的文化溯源之旅」為題進行報導，迅速形成國際話題，得到《人民網》、《參考消息》、《美國華文網》、《俄中傳媒》、《波蘭網》、《義大利僑網》、《南非日報》、《中國華僑傳媒網》、《中非日報》、《加拿大好生活》、《雅昌網》、《中外要聞》、《經典園林》、《百度新聞》……等數十家國際媒體的轉播，閱讀點擊量過億，引發熱烈反響。

2018 年 12 月，吳歡兌現了他的承諾，出資邀請高居翰的女兒莎拉及美國十幾位中外學人來到中國，給予最好的禮遇，安排在北京王府井五星級酒店，聯合中國園林博物館、北京林業大學，舉辦了一場規模盛大的《高居翰與止園 —— 中美園林文化國際研討會》。

北京文博界、文化藝術界、相關學術界大批名流、學者到場祝賀並展開學術交流。

* 在「高居翰與止園」研討會上，為止園做出貢獻的個人和機構獲得美國洛杉磯郡頒發的榮譽證書。自左至右：任向東、柯一諾、周瑩、曹汛、斯基普、肯．布朗、吳歡、薩拉．卡希爾、黃曉、洪再新、劉珊珊、孔紈。

依照國際慣例，兩百年以上傳承有序的家族，便自然成為國際上各大學、院校人類文化發展研究機構，無法繞開的話題與個案。吳氏家族不僅有着九百年傳承歷史，而且在政治、經濟、文化等方面都有着輝煌貢獻，是受國際高度關注的中國文化家族。

藝術無國界，當年全由高居翰先生而起，七十年來，演繹了一場中美古今真實的美妙傳奇。此刻若是先生天上有知，必定欣然色喜，與吳氏家族九百年來列祖列宗齊聚一堂，開懷大笑，笑聲正響徹於天宇之間……

參考書目

【宋】《咸淳毗陵志》
【明】《萬曆宜興縣志》
【明】《永樂常州府志》
【清】《嘉慶宜興縣志》
【清】《道光武進陽湖合志》
【清】《光緒宜興縣志》
【清】《光緒武進陽湖合志》
【民國】《宜荊吳氏宗譜》
【清】《光緒武陽志餘》
【民國】《荊邑吳氏宗譜》
【清】褚邦慶《常州賦》

1983 年宜興縣地名辦編《宜興縣地名錄》
1991 年上海人民出版社《宜興縣志》

【明】徐階《經世堂集》
【明】唐順之《荊川詩文稿》
【明】王世貞《弇州續稿》
【明】吳亮《止園集》
【明】羅玘《圭峰集》
【明】吳兗《家雞集》
【明】顧元慶《茶譜》
【明】周高起《陽羨茗壺系》
【明】吳仕《頤山詩稿》
【清】吳龍見纂《乾隆北渠吳氏族譜》
【明】吳儼《吳文肅摘稿》
【清】吳龍見《北渠吳氏翰墨志》
【明】《方山薛先生全集》

于成鯤著《吳炳與粲花》，復旦大學出版社，1991 年
高居翰、黃曉、劉珊珊著《不朽的林泉》，三聯出版社，2014 年
吳婧碩士論文《明中宜興濟美堂吳氏研究》，南京大學，2018 年
薛煥炳著《常州名園錄》，江蘇人民出版社，2019 年

跋

《毗陵吳氏園林錄》於 2019 年底已經擱筆，書稿且寄中華書局（香港）審核付梓。筆者對此書已作序言，言明編寫此作之緣由及動意。也許是命中註定，天機須我再作此跋，能　補充一些與本書有關的重要信息。

2020 年庚子新春，一場突如其來的大疫席捲神州，武漢封城，各地嚴守，本人足不出戶達一月之久。閒來無事，讀書解悶，無意中了解到明清時期常州吳氏的一批著作，其中國家圖書館就珍藏 13 種，分別是吳中行《賜餘堂集》，明萬曆二十八年吳亮等刻本；吳中行《皇明歷科狀元全策》，明萬曆十九年舒石泉刻本；吳亮《止園集》，明天啟元年刻本；吳亮《名世編》；吳亮《四不如類抄》，明萬曆四十一年自刻本；吳亮《萬曆疏抄》；吳奕《觀復庵集》，明萬曆刻本；吳玄《率道人素草》；吳玄《浙黨吾徵錄》；吳兗《家雞集》，明崇禎九年刻本；吳宗褒《素園集詩》；吳宗達《渙亭存稿》；吳光焯《北渠吳氏翰墨志》等。北大圖書館、常州圖書館各藏吳亮《遁世編》、吳亮《增修毗陵人品記》明萬曆刻本等。以上資訊足以說明，毗陵吳氏的著作可以流芳於世。

筆者又突發異想，準備編纂《薛應旂先生年譜》。薛應旂乃明代理學大家，與本邑唐順之齊名，世稱江南「唐薛二賢」，應旂乃吾先祖也。

查考地方文獻及明代《方山薛先生全集》等古籍，發現許多涉及同邑荊川、方山、寓庵等交往之信息。唐順之（1507－1560），字應德，號荊川，官至兵部侍郎；薛應旂（1500－1575），字仲常，號方山，官至浙江提學副使；吳性（1499－1563），字定甫，號寓庵，官至南京戶部尚寶司丞。三人關係密切，交往甚多，且皆有棄官歸籍、授徒教子之經歷。特別是薛應旂與吳性，二人還是嘉靖十四年（1535）同科進士，不可謂不親密。常州府同年進士者還有武進章甫、陸子明，無錫王立道等。

論年齡，吳性年長薛應旂 1 歲，年長唐順之 8 歲，三人皆好林泉，薛應旂在武進政成鄉餘巷里築太虛草堂，唐順之在武進懷南鄉白衣庵築陳渡草堂，寓庵公吳性在郡城東門關刀河畔築城寓草堂。

或許是天意，一部由美國著名學者高居翰與黃曉、劉珊珊合著的《不朽的林泉》一書，讓筆者與京城才子吳歡先生走到一起，結為朋友，殊不知，早在 450 年前，吾先祖薛應旂與吳歡先祖吳性既是同年，又為摯友，可謂是江南奇遇！

吳性在世時，薛應旂任浙江任提學副使，回鄉探親時曾到吳性城寓草堂拜訪，時間是嘉靖三十年（1551），由於「天已向晚，剪燭數語，匆匆別去」。事後，吳性書信致謝，薛應旂也令兒奉書前去拜會，遺憾的是，吳公外出，沒有碰面。方山感到愧疚，《答吳寓庵》曰：「客歲，承枉過草堂，天已向晚，剪燭數語，匆匆別去。久闊之懷，未盡傾倒，無任繫戀。每欲奉候考槃，以分寤寐之樂，而麋鹿之性，不便傾倒。城市竟至，偃蹇京師，書問亦久不作，令器子言處，遂成落寞。如負通家之愛，昨（李）羅村訪我，山中始知高駕已出，考槃頗為猿鶴之訝，然亦知非兄所好也。即辱手禮，具領至情，但所云新報則不敢問命。鄙人拙直不能，委屈時事，且凡百忍真直，前做去為世所憎者不啻……壬子秋，尊令犬子奉書，未值持歸，早晚當再佈也。」後來，薛應旂再次登門拜訪，留下《雨中過吳寓庵，因訪陸幼靈》詩：

久雨思良晤，閑門客到稀。

台荒青草合，窗濕白雲飛。

倏爾過吳節，因之訪陸機。

相逢論夙昔，夜深竟忘歸。

話題重新回到郡中園林，按唐鼎元《枯松記》:「蓋有八宅，宅各有亭台園池，故世以青果唐比之烏衣王謝。」此語說明唐荊川祖孫三代至少在郡城青果巷有八處園林，但與同邑吳氏相比，仍顯遜色，吳性、吳中行與吳亮、吳玄、吳襄、吳兗、吳宗達等相繼在常州營造鶴園、拙園、綠園、天真園、東第園、嘉樹園、青山莊、蒹葭莊等十多座，一時傳為佳話。而薛應旂的太虛草堂（亦家園）則在嘉靖三十六年遭倭寇兵毀。

另一件與吳氏園林相關的重要活動不能不記。共和國 70 周年華誕，常州市在博物館組織了一場題為「止園歸來」的視覺藝術大展，「止園歸來」有吳歡先生題簽，序言有時任中共常州市委書記汪泉援筆。展覽由止園大型模型、22 幅止園亂針繡、20 幅止園烙鐵畫等作品組成。亂針繡作品由國家非遺傳承人孫燕雲團隊創作完成，烙鐵畫作品由省級非遺傳承人張婧怡創作完成，大型模型則由武進葉建偉先生全額出資、由蘇州數名工匠耗時半年製作完成。為期 40 天的展出，參觀人數達 10 萬餘眾，社會影響之大，文化傳播之廣，葉建偉、孫燕雲、張婧怡等功不可沒。為此，在後記之餘再作此跋，記其盛事。

2020 年庚子仲春，薛煥炳於常州梅竹軒

毗陵吳氏園林錄

薛煥炳　著

責任編輯　黃　帆
裝幀設計　林曉娜
排　　版　黎　浪
印　　務　劉漢舉

出版　中華書局（香港）有限公司
香港北角英皇道 499 號北角工業大廈一樓 B
電話：（852）2137 2338　傳真：（852）2713 8202
電子郵件：info@chunghwabook.com.hk
網址：http://www.chunghwabook.com.hk

發行　香港聯合書刊物流有限公司
香港新界大埔汀麗路 36 號
中華商務印刷大廈 3 字樓
電話：（852）2150 2100　傳真：（852）2407 3062
電子郵件：info@suplogistics.com.hk

印刷　美雅印刷製本有限公司
香港觀塘榮業街 6 號 海濱工業大廈 4 樓 A 室

版次　2020 年 7 月初版

規格　32 開（210mm×150mm）

ISBN　978-988-8675-43-2